kosmos

ROBERT BURTON

VOGELFLUG

ROBERT BURTON

VOGELFLUG

AERODYNAMIK · ANATOMIE · ANPASSUNG

MIT EINEM VORWORT VON
PROF. DR. GEORG RÜPPELL

FRANCKH - KOSMOS

Übersetzung aus dem Englischen: Margret Braun
Wissenschaftliche Beratung: Prof. Dr. Georg Rüppell
Titel der englischen Originalausgabe:
"Birdflight. An illustrated Study of Birds'Aerial Mastery",
1990 erschienen bei Eddison Sadd Editions Limited
St Chad's Court 146 B King's Cross Road
London WC1X 9DH
unter der ISBN 0-8160-2410-3

Mit 135 Farbfotos, 49 Grafiken und 4 Tabellen.

Umschlaggestaltung von Theodor Bayer-Eynck, Berlin
unter Verwendung von vier Farbfotos von
Bernd Kerber (Vorderseite, Silbermöwen)
Helmut Partsch (Rückseite, links, Küstenseeschwalbe)
Dietmar Nill (Rückseite, Mitte, Sperber)
Alfred Limbrunner (Rückseite, rechts, Rotdrossel)

Die Deutsche Bibliothek – CIP – Einheitsaufnahme

Vogelflug : Aerodynamik, Anatomie, Anpassung / Robert Burton. Mit einem Vorw. von Georg Rüppell. [Übers. aus dem Engl.: Margret Braun]. – Stuttgart : Franckh-Kosmos, 1991
Einheitssacht.: Birdflight <dt.>
ISBN 3-440-06273-2
NE: Burton, Robert; EST

Seite 2:
Ein Kondor segelt mit weit ausgebreiteten Flügeln.

Für die deutsche Ausgabe:

Printed in Hongkong/Imprimé en Hongkong
Lektorat: Iris Kick, Anne-Kathrin Lange
Herstellung: Heiderose Stetter
ISBN: 3-440-06273-2
Satz: Kittelberger, Reutlingen
Druck und buchbinderische Verarbeitung: Mandarin Offset, Hongkong

Vogelflug

Vorwort

Es gibt nur noch wenige Menschheitsträume: Inzwischen ist mehr erforscht, erfunden, gebaut und allgegenwärtig verfügbar als man je zu träumen wagte. Die Technik jagt Informationen und Unterhaltung in Sekunden um die Welt. Menschen brauchen dazu noch Stunden. Alles läßt sich erreichen – ferne Länder genauso wie in Minutenschnelle die City. Aber alle Reisen, alle Fahrten und Flüge erzeugen Lärm, Abgase und neuerdings auch Angst. Ein Flug in Krisenzeiten wird manchmal zum Alptraum. Der technische Fortschritt erweist sich zunehmend als Bumerang. In dieser Zeit bekommen Naturbetrachtungen und die von ihr ausgehende Faszination wieder einen ganz tiefen Sinn. Die Schönheit der Natur bietet Besinnung und Regeneration der gebeutelten Seele. Besonders ästhetisch wirkt der Vogelflug: Aus der Spurlosigkeit der schnellen Bewegung herausgehobene Momentaufnahmen zeigen wundersame, oft balletthafte Posen voller Anmut und interessanter Details. Einen besonders hohen Anschauungsgenuß, aber auch eine große Verführung zum Lesen bietet das vorliegende Buch von Robert Burton über den Vogelflug. Auch beim Lesen wird man sofort gefangen von der Fliegekunst der Vögel, die eben doch besser fliegen können als wir Technikmenschen, nämlich ohne Lärm und Abfall, ohne Angst und Enge. Robert Burton beschreibt die Lust der Vögel am Fliegen – die bekommt der Leser sicher auch von der Freude am Schauen und am Lesen. Zwar ist noch längst nicht alles am Vogelflug erforscht – und das wird wohl auch nie ganz möglich sein –, hier wird jedoch der neueste Stand der Erkenntnisse ausgebreitet. Besonders viel Sorgfalt hat der Autor den Beziehungen zwischen Form und Funktion und zwischen Flug und Lebensweise gewidmet, so daß hier die Grundlagen zum Verständnis der Anpassungen der Vögel an ihren Lebensraum – ein ganz wichtiger Teil ihrer Ökologie – gelegt werden. Mit dem gebotenen Wissen versehen, wird manch ein Leser neu motiviert mit großer Neugierde draußen den Vögeln zuschauen, sich an ihnen erfreuen und vielleicht – bescheidener als zuvor – doch wieder einen großen Traum träumen, nämlich den, zu fliegen wie ein Vogel. Wie schön, daß es doch noch Träume gibt.

Braunschweig, im Februar 1991

G. Rüppell

Prof. Dr. Georg Rüppell

Rosenfußlöffler fliegen gemächlich über den Turkana-See in Kenia. Ihre breiten Flügel demonstrieren die Flexibilität des Vogelflügels im Gegensatz zu den starren Flügeln eines Flugzeuges. Diese Flexibilität des Flügels verleiht dem Vogelflug seine enorm hohe Effektivität, die von Maschinen nicht erreicht werden kann.

Einleitung

Die Faszination des Vogelflugs

Anfang Juni beginnt in der Hocharktis der Frühling. Der Boden ist immer noch mit Schnee bedeckt, doch die Vögel sind bereits aus den südlichen Ländern zurückgekehrt. Sie sind Tausende von Kilometern geflogen und bereiten sich nun auf die Brutsaison vor. Ich bin zum drittenmal in die Arktis gekommen, um die Ankunft der Vögel zu beobachten. Am faszinierendsten war stets der Knutt, eine an den europäischen Küsten überwinternde Watvogelart, deren schmutzig graues Winterkleid sich bei der Mauser im Frühjahr in ein stattliches kastanien- und zimtfarbenes Prachtkleid verwandelt. Weit fesselnder noch als das Prachtkleid ist der Singflug des Männchens. Sobald ein Männchen in der Tundra erscheint, beginnt es mit der Revierabgrenzung und der lauten und ausdauernden Werbung um ein Weibchen.

Zu dieser Jahreszeit geht die Sonne in der Arktis nicht mehr unter, und die Knuttmännchen sind den ganzen Tag über aktiv. Sie steigen bis auf eine Höhe von 100 bis 200 Metern auf, wo sie dann nur noch als Punkte am Himmel erkennbar sind, und fliegen im Kreis über ihr Revier. Lange Gleitflüge, während der sie mit ausgestreckten Flügeln und weit gefächertem Schwanz dahinfliegen, wechseln ab mit Flugphasen von hoher Flügelschlagfrequenz, die dazu dienen, den durch das Gleiten bedingten Höhenverlust wieder auszugleichen. Dabei dringt dem Zuhörer auf der Erde ein furchterregendes Poorr-mi, Poorr-poorr, das an den Brachvogelruf erinnert, ins Ohr und kündigt an, daß das Leben in die Tundra zurückgekehrt ist.

Bei einzelnen Knutts habe ich versucht, den Singflug zu verfolgen, aber man verliert sie bei ihrem Auf- und Abzirkeln im Tal zu leicht aus dem Auge, und sie verschwinden schließlich vollends vor dem Hintergrund der Berge. Einige Knutts bleiben über eine Stunde in der Luft, und manche setzen ihren Singflug möglicherweise noch wesentlich länger fort. Während dieser Phase haben die Männchen wenig Zeit zur Nahrungsaufnahme. Sie sind entweder beim Singflug oder jagen andere Männchen, die in ihr Revier eindringen. Ruhepausen treten erst ein, wenn sie ein Weibchen gefunden haben. Sie jagen dann zwar weiterhin fremde Männchen aus ihrem Revier hinaus, aber die Singflüge werden abrupt weniger, sobald sich ein Weibchen im Revier niedergelassen hat.

Neben dem Schauspiel des Singflugs ist auch das Verhalten des Knuttmännchens bemerkenswert, da es sich direkt an einen Flug über Tausende von Kilometern anschließt. Unsere Knutts kamen von der westeuropäischen Küste und hatten lediglich in Island oder Norwegen eine Rast eingelegt. Dies ist ein langer Weg für einen kleinen Vogel, aber die Knutts kommen trotzdem mit genügend Fettreserven im Brutgebiet an, um die folgende Woche mit Fliegen und Revierstreitigkeiten zu verbringen, ohne dabei größere Pausen zur Nahrungsaufnahme einzulegen.

All das veranlaßte mich, über den Vogelflug nachzudenken. Die Menschen neigen dazu, die Tatsache, daß Vögel fliegen, als selbstverständlich anzusehen, denn es ist das Wesen des Vogeldaseins. Vergleicht man z. B. den Körper eines Sperlings mit dem einer Maus, so ist klar, daß der fundamentale Unterschied zwischen Vogel und Säuger darin besteht, daß der Körperbau des Vogels nahezu vollständig auf den Flug abgestimmt ist. Vögel sind verschieden von allen anderen Tieren. Ihre schuppigen Beine lassen auf eine Abstammung von Reptilien schließen, und es existiert sogar die Theorie, daß Vögel die letzten lebenden Vertreter der Dinosaurier sind. Trotzdem weichen die Vögel vom herkömmlichen Bauplan der Dinosaurier oder der Reptilien stark ab, wohingegen Fledermäuse, obschon sie gut für den Flug ausgelegt sind, immer noch sehr offensichtlich zu den Säugern zählen.

Die Beobachtungen der Verhaltensweisen des Knutts beleuchten einige der Gründe für die radikalen Veränderungen des Vogelkörpers, die im Laufe der Entwicklungsgeschichte stattfanden, und lassen die Frage nach dem Nutzen aufkommen, den die Vögel aus ihren hervorragenden Flugfähigkeiten ziehen. Eine Antwort darauf ist, daß Ausdauerleistungen, wie der Langstreckenzug, dem Knutt und anderen arktischen Vögeln die Möglichkeit eröffnen, aus den kurzen, aber sehr produktiven arktischen Sommern, in denen sie ihre Jungen hochbringen, Vorteile zu ziehen. Weiterhin ist die Ökonomie ihres Fluges derart ausgelegt, daß sie mit Fettreserven im Brutgebiet ankommen. Davon zehren sie, bis der Schnee schmilzt. Zwischenzeitlich verbrauchen sie ihre Reserven bei der verschwenderischen, aber sehr notwendigen Werbung um ein Weibchen. Die Ökonomie wird nebensächlich, wenn es um die Notwendigkeit des Brütens geht und um den Beitrag zu einer neuen Generation.

Ich begann mich für Vogelflug zu interessieren, als ich auf einem Schiff war, das in die Antarktis fuhr. Ich war bezaubert, als unser Schiff zum Anzichungspunkt sowohl für die großen Albatrosarten des Südens als auch für ihre kleineren Verwandten im Südatlantik wurde. Ich hatte als Student vieles über die Segeltechnik gelernt, welche es dem Albatros ermöglicht, mit nur wenigen Flügelschlägen kreuz und quer über den Ozean zu fliegen. Aber all das hat mich nicht auf das Wunder an Geschicklichkeit vorbereitet, mit der er die unsichtbaren Luftbewegungen um das Schiff herum für seinen Flug ausnutzt.

Knutts und Albatrosse sind sehr verschiedene Vogelarten, deren Flugmechanismen angepaßt sind an ihre speziellen Lebensweisen. So wie der Knutt nicht in den antarktischen Wassern leben könnte, so kann der Albatros nicht in der arktischen Tundra existieren. Mein Interesse galt nicht so sehr den Fragen, wie die Vögel fliegen und welche anatomischen und physiologischen Anpassungen sie zum Bewältigen der Probleme des „Schwerer-Seins-als-Luft“ haben. Mich beschäftigte vielmehr die Art und Weise, mit der die Vögel ihre Flugkraft nutzen, um Nahrungsquellen zu erreichen, ein Weibchen zu finden, Junge aufzuziehen, vor Feinden zu fliehen und auf der Suche nach besseren Lebensbedingungen große Wanderungen zu unternehmen.

Es ist erstaunlich, wie wenig über die Mechanismen des Vogelfluges bekannt ist, gemessen an der Popularität der Vögel.

Ich wurde zum ersten Mal von den Flugkünsten der Albatrosse in den Bann gezogen, als sie dem Schiff folgten, mit dem ich zur Antarktis unterwegs war. Hier ist ein Albatros abgebildet, der in der Luft schwebt, wobei seine Handschwingen eingefaltet sind.

So viel wurde bereits über das Leben der Vögel geschrieben, daß ganze Regale der Büchereien den Vogelbüchern zugewiesen sind, und viele wissenschaftliche Zeitschriften sind alleine dem Studium der Vögel gewidmet. Trotzdem gibt es wenig Literatur darüber, wie die Vögel fliegen. Das Verständnis des Vogelflugs – ein Aspekt, der in fast allen Bereichen der Vogelbiologie eine Rolle spielt – ist nicht einfach zu erlangen. Der Flug ist schwierig zu beobachten. Während ich schreibe, kann ich Gartenvögel sehen, die zum und vom Futterhäuschen wegfliegen. Sie flitzen am Fenster vorbei, ihre Flügel wirken wie ein Schleier, und einzelne Bewegungen sind schwer zu erkennen. In irgendeiner Weise bremsen sie ab und landen, manchmal sogar mit dem Kopf nach unten, um an das Futter zu gelangen. Dann fliegen sie wieder auf und verschwinden hinter der Hecke. All dies läuft so schnell ab, daß ich nicht richtig erkennen kann, was sie eigentlich machen. Mit Hilfe einer Kamera können die Bewegungen festgehalten werden, und die vielen Fotographien in diesem Buch zeigen Details der Flügelbewegungen, die sonst nicht zu erkennen sind.

Leider sind Flugstudien bisher nur an einigen wenigen Arten durchgeführt worden. Somit ist ein Problem beim Schreiben eines Buches über den Vogelflug, daß dieselben Vögel in den verschiedenen Kapiteln immer wieder als Beispiele herangezogen werden müssen. Einige davon sind meine Lieblinge, die ich über viele Stunden beobachtet habe: Albatrosse, Fliegenschnäpper, Watvögel und Gänse. Nur wenige Arten sind von den professionellen Ornithologen, die sich für die Aerodynamik und die Physiologie des Fluges interessierten, untersucht worden. Dies sind Tauben, Möwen, Geier, Falken, Kolibris und Albatrosse. Es ist klar, daß ich einige Details aus den Untersuchungen anderer Leute übernommen habe. Meine eigenen Beobachtungen brachten mir zwar viel Freude, aber sie sind nicht besonders umfassend.

Die meisten Informationen in diesem Buch stammen aus wissenschaftlichen Untersuchungen der Zoologen und Physiker, vor allem aus den Studien von Colin Pennycuick, der seit mehr als 30 Jahren den Vogelflug im Labor und bei speziellen Fragen auch im Freiland untersucht. Die Aerodynamik ist ein schwieriger und nur wenig bekannter Zweig der Physik, der sich mit der Entstehung komplexer Kräfte durch Luftbewegungen beschäftigt. Es ist unmöglich zu beschreiben, wie Vögel sich in der Luft bewegen, ohne die Grundlagen der Aerodynamik des Fluges zu erklären. Aber ich habe die Theorie stark vereinfacht und leicht zu verstehende Analogien zum Luftkraftflug verwendet. Jeder, der ein tieferes Verständnis der Physik des Vogelfluges anstrebt, wird auf die Literaturangaben auf Seite 156 verwiesen. Einige Aspekte der Vogelflugmechanismen sind trotz der Vereinfachungen nicht leicht zu verstehen. Aber der Aufwand lohnt sich, weil das Beobachten der Vögel noch wesentlich mehr Freude bringt, wenn man zu schätzen weiß, wie und warum die Vögel fliegen.

Die Geschicklichkeit des Vogelflugs begeistert mich auch daheim, wo diese beiden Blaumeisen direkt vor dem Fenster meines Arbeitszimmers einen akrobatischen Wettstreit um einen Platz am Futterkorb vollführen.

Die Eroberung der Luft

Wie und warum Vögel die Fähigkeit zum Fliegen entwickelt haben ist noch nicht ganz geklärt. Vergleiche mit den heute lebenden gleitfähigen Tieren und Untersuchungen des bekanntesten Vorfahren der Vögel, des *Archaeopteryx,* lassen jedoch Rückschlüsse auf die Entstehung des Vogelfluges zu. Der Mensch hat zu allen Zeiten die Vögel um ihre Kunst des Fliegens beneidet und durch Beobachtungen versucht, die Prinzipien des Vogelflugs zu verstehen. Sobald man den Flug beherrschte, überholte der menschliche Scharfsinn das Tempo der Evolution. Der Spieß wurde nun umgedreht, so daß heutzutage die Komplexität des Vogelfluges auf der Basis der durch den Flugzeugbau gewonnenen Erkenntnisse über die Aerodynamik untersucht werden kann.

Weißstörche starten in der Morgendämmerung von ihren Schlafplätzen in einem toten Baum.

Hinein in die Luft

Der Flug war ein entscheidender Durchbruch in der Entwicklungsgeschichte der Vögel. Neben den Vögeln haben jedoch auch andere Tiergruppen das Fliegen entwickelt: eine Tintenfischart, der Gleitfrosch, drei Fischgruppen, neun Reptiliengruppen, sieben Säugergruppen (inklusive der Fledermäuse) und fast alle Insekten. Abgesehen von den Insekten sind die meisten dieser Tiere lediglich Gleiter. Sie springen in die Luft, breiten ihre Tragflächen aus und verlassen sich auf die Schwerkraft, mit deren Hilfe sie dann abwärts schweben.
Der fliegende Kalmar nimmt Anlauf und springt aus dem Wasser, wobei er seinen Körper durch Drehbewegungen aufwärts schraubt. Aber er ist ebensowenig ein echter Flieger wie der Lachs, der einen Wasserfall hinaufspringt. Der fliegende Frosch verlängert seine Sprünge dadurch, daß er die Schwimmhäute zwischen seinen Zehen ausbreitet. Die verschiedenen Gleiteidechsen und Säuger – Flughörnchen, Opossums und der fliegende Lemur – gleiten auf Hautflügeln, die zwischen verlängerten Rippen oder ausgestreckten Körpergliedmaßen aufgespannt sind. Einige von diesen Tieren sind sehr effektive Gleiter, aber sie haben keine Möglichkeit, ihren Flug über ein einfaches Gleiten hinaus zu verbessern. Die fliegenden Fische schrauben sich selbst aus dem Wasser und gleiten über den Wellen. Hin und wieder tauchen sie ihr Schwanzende ins Wasser und führen einige kraftvolle Schläge damit aus, wonach sie erneut einige Meter weit gleiten können. Die Beilbauchfische aus Südamerika kommen mit ihrer Art, sich fortzubewegen, dem echten kraftunterstützten Fliegen schon näher. Um abzuheben, saust der Beilbauchfisch etwa 10 Meter weit auf der Wasseroberfläche entlang, wobei sein Schwanz permanent ins Wasser schlägt. Dann plötzlich streckt er seine Brustflossen zur Seite und schwebt schließlich ein bis zwei Meter über der Wasseroberfläche dahin.
Nur vier Tiergruppen haben es wirklich geschafft, den echten Flug durch Muskelkraft zu beherrschen. Dies sind die Insekten, die Flugsaurier, die Fledermäuse und die Vögel. Die Insekten entwickelten im Unterschied zu den anderen völlig neuartige Flügel aus Körperanhängen, anstatt bereits vorhandene Gliedmaßen umzubauen. Die Flugsaurier hatten Membranen aus Haut zwischen ihren Gliedern, so wie heute die Fledermäuse. Die Vögel haben ihre Vordergliedmaßen zu federbesetzten Flügeln umgewandelt. Leider liefern die Untersuchungen der Fossilien nur wenige Hinweise darauf, wie diese Tiere die Fähigkeit zum Fliegen erworben haben. Die gleitenden Tiere verkörpern anscheinend das erste Flugstadium innerhalb der Evolution, aber es gibt kein Verbindungsstück, das zeigt, wie diese einfachen, aber trotzdem leistungsfähigen Gleiter den Übergang zum kraftunterstützten Schlagflug vollzogen. Man kennt nämlich keine Tiere, vielleicht mit Ausnahme der Beilbauchfische, die einen unvollkommenen Schlagflug ausführen. Anhand der gefundenen Fossilien alleine kann die Entwicklung der Vögel nicht eindeutig nachvollzogen werden. Die frühesten Fossilien der meisten fliegenden Tiere sind bereits zu weit entwickelt, um den Beginn der Flugfähigkeit zu rekonstruieren. Trotzdem sind einzelne Fossilien entdeckt worden, die einige Vermutungen darüber zulassen, wie sich die Flugkraft der Vögel ausgebildet hat.

Ein fossiler Fund des Flugsauriers Pterodactylus, *bei dem die Knochen der langen Flügel gut erhalten sind. Über Millionen von Jahren waren die Flugsaurier erfolgreiche Flieger.*

Die Evolution des Vogelflugs

Der Solnhofer Kalkstein aus Süddeutschland entstand aus feinkörnigen Ablagerungen im Jura vor etwa 140 Millionen Jahren. Durch Verdichtung entwickelte sich aus diesen Ablagerungen ein Gestein, das leicht in weiche, flache Platten zerfällt, die zum Steindruck genutzt wurden. Die langsame Ablagerung von Sediment am Grund einer vorzeitlichen Lagune und der behutsame Abbau dieses Gesteins durch den Menschen viele Millionen Jahre später haben zur Entdeckung der sieben Fossilien des ältesten bekannten Vogels, des *Archaeopteryx lithographica,* geführt. Das erste Fossil, das 1861 entdeckt wurde, war lediglich eine einzelne Feder. Aber die anderen sechs Fossilien sind wunderschön erhaltene Skelette eines Tieres, das zum Teil Vogel- und zum Teil Reptilienmerkmale aufweist.

Die zarten Knochen der Vögel versteinern nicht sehr leicht, so daß unser Wissen über die frühe Entstehung des Vogelfluges gänzlich auf diesen wenigen Exemplaren beruht. Wenn die Körper nicht in das Wasser einer geschützten Küstenlagune gesunken und von feinem Material bedeckt worden wären, noch bevor die Verwesung einsetzen konnte, hätte keine Versteinerung stattfinden können. So aber konnten die Funde eindeutig als Überbleibsel von Vögeln identifiziert werden, da sogar die Federn mehr oder weniger intakt geblieben sind. Trotzdem wurden zwei der Fossilien ursprünglich als kleine Dinosaurier namens *Compsognathus* beschrieben. Der zweite davon wurde in einem Münchner Museum 1988 entdeckt. Da die Fossilien sehr gut erhalten waren, gelang es den Paläontologen, die einzelnen Stücke des *Archaeopteryx* zusammenzusetzen und das Bild dieses Vogelahnen zu rekonstruieren. Wesentlich schwieriger war es aus diesen Funden abzuleiten, wie der *Archaeopteryx* gelebt hat, und wie er sich aus einem flugunfähigen reptilienähnlichen Vorfahren entwickeln konnte. Fachmännische Untersuchungen der Knochen des *Archaeopteryx* lassen Merkmale sowohl der frühzeitlichen Reptilien als auch der neuzeitlichen Vögel ans Tageslicht treten:

Reptil	*Vogel*
Zähne	Federn
Langer Schwanz	Vorderextremitäten zu Flügeln modifiziert
Einfache unverbundene Rippen	Furcula oder Gabelbein
Klauen an den Händen	Struktur des Beckens

Schwungfedern als Beweis

Die Struktur seiner Schwungfedern beweist, daß *Archaeopteryx* nicht nur gleiten, sondern auch aktiv fliegen konnte. Die schmale Außenfahne und breite Innenfahne der Schwungfeder eines flugfähigen Vogels (rechts) vergrößert die aerodynamischen, auftriebproduzierenden Eigenschaften. Die Fahne einer fossilen Flügelfeder des *Archaeopteryx* ist in ähnlicher Weise asymmetrisch gestaltet, wohingegen die Feder eines heutigen flugunfähigen Vogels symmetrisch aufgebaut ist (Mitte).

Unten: Ein fossiler Fund des Archaeopteryx, *dargestellt in seinem Bett aus Kalkstein, läßt deutlich die Federn erkennen, die ihn als Vogel identifizieren. Ohne Federn könnte er leicht für einen kleinen Dinosaurier gehalten werden.*

Reptil	*Vogel*
Einfaches Gehirn	Verwachsungen der Zehenknochen
Schwach ausgebildeter Brustkorb	Nach hinten gerichtete Zehe (zum Greifen von Ästen)
Brustknochen	

In wissenschaftlichen Kreisen hat es stets umfassende Diskussionen darüber gegeben, wie gut *Archaeopteryx* fliegen konnte und wie er diese Fähigkeit entwickelte. Die Form der Federn beweist, daß *Archaeopteryx* ein flugfähiges Tier war. Sie sind den Federn der heutigen Vögel nicht nur in den Details der Fahne und in ihrem Umriß sehr ähnlich, sondern auch in ihrer Anordnung auf dem Vogelkörper. Es gibt verschiedene Flügel- und Schwanzfedern (resp. Schwungfedern und Steuerfedern), und die Schwungfedern teilen sich in Handschwingen und Armschwingen, wie beim heutigen Vogel. Der nach vorne zeigende Teil der Fahne ist schmaler als der rückwärtige Teil – eine Asymmetrie, die der Feder ihre aerodynamischen Eigenschaften verleiht (siehe Seite 36). Die rückwärtsgerichtete Zehe am Fuß und die Klauen an den Flügeln lassen vermuten, daß *Archaeopteryx* in Bäumen lebte. Er war in der Lage, auf einem Ast zu sitzen, indem er ihn mit den Zehen umgriff. Die Flügelklauen dienten *Archaeopteryx* möglicherweise dazu, durch die Baumkronen zu klettern. Einige der heutigen Vögel, wie das Bläßhuhn und das baumbewohnende Schopfhuhn der Amazonaswälder, besitzen als Jungvögel Klauen an ihren Flügeln und benutzen diese ebenfalls zum Klettern.

Obschon die gut entwickelten Schwungfedern darauf hinweisen, daß *Archaeopteryx* fliegen konnte, muß er zu schwer gewesen sein und zu wenig Kraft gehabt haben, um ein guter Flieger zu sein. Keiner der fossilen Funde wies ein Brustbein auf. Da die Fossilien ansonsten sehr gut erhalten waren, ist es unwahrscheinlich, daß das Brustbein verlorenging. Man nimmt daher an, daß das Brustbein der frühzeitigen Vögel aus Knorpel war, so wie das Brustbein des Menschen, und deshalb nicht fossilisierte. In diesem Fall kann weiterhin vermutet werden, daß das Brustbein keinen Kiel hatte, der die Ansatzstelle für den großen Brustmuskel beim heutigen Vogel bildet. Daraus wird häufig geschlossen, daß *Archaeopteryx* keinen gut entwickelten Brustmuskel haben konnte und somit ein schlechter Flieger war. Aber die Fledermäuse sind das beste Beispiel dafür, daß sich gute Flieger auch ohne Brustkiel entwickeln konnten. Ihre Brustmuskeln sind aneinander befestigt, so daß jeder Muskel als Anker für den nächsten fungiert. *Archaeopteryx* besaß aber bereits ein Gabelbein, welches durch Verwachsung der beiden Schlüsselbeine an ihren Enden entstand und eine Stütze für die Schultern darstellt. Dieses Gabelbein ist ein einheitliches Merkmal der heutigen Vögel. Andererseits hatte *Archaeopteryx* noch keinen festen Brustkorb, wie ihn die modernen Vögel besitzen und der die inneren Organe bei der Kontraktion der Flugmuskulatur vor Quetschungen schützt.

Bis zum heutigen Tag ist umstritten, wie gut das Flugvermögen von *Archaeopteryx* gewesen sein mag. Es muß auf jeden Fall weiter entwickelt gewesen sein als das der heutigen Gleittiere, vor allem in bezug auf den Aktionsradius und auf die Fähigkeit, einen Landeplatz gezielt anzusteuern. In den heutigen Wäldern gibt es etliche Vögel, die ganz gut damit zurechtkommen, daß sie nicht weit oder ausdauernd fliegen können, und *Archaeopteryx* würde ihnen in nichts nachstehen. Ein Problem besteht jedoch darin, daß es im Bereich der Solnhofer Küste anscheinend keine Bäume gegeben hat, von denen aus *Archaeopteryx* seinen Flug hätte starten können. Die Untersuchungen der Fossilien dieser Gegend zeigten, daß eine offene Landschaft vorlag. Aber es gibt keinen Grund, warum *Archaeopteryx* oder seine direkten Verwandten sich nicht in einem benachbarten Lebensraum entwickelt haben sollten und dann in die offene Landschaft eingewandert sind, wo die Neigung des Geländes und die von dem Meer kommenden Winde seinen Flug unterstützten. Die nächste Frage besteht darin, wie sich *Archaeopteryx* aus den Reptilien entwickelt hat. Hierauf gibt es noch keine konkrete Antwort. Der Vorfahre des *Archaeopteryx* könnte mit dem Dinosaurier *Compsognathus,* mit dessen Fossilien die des *Archaeopteryx* verwechselt wurden, verwandt gewesen sein. Die große Gruppe der vorzeitlichen Reptilien bietet jedoch weitere mögliche Verwandte. Die Federn entwickelten sich aus den Schuppen der Reptilien, wahrscheinlich um den Körper warm zu halten. Es gibt Hinweise dafür, daß zumindest einige der Dinosaurier warmblütig waren und somit eine wärmeisolierende Schicht aus Fell oder Federn brauchten. Als der Vorfahre – oft auch als Pro-Avis bezeichnet – erst einmal mit rudimentären breitfahnigen Federn ausgestattet war, konnten diese daran angepaßt werden, die zum Fliegen nötigen Tragflächen auszubilden, die bei anderen Gleittieren aus Hautgewebe entstanden. Federn sind jedoch wesentlich besser. Sie können unter dem sie versorgenden Gewebe wachsen, und wenn eine Feder beschädigt ist, kann sie abgeworfen und erneuert werden.

Die Frage ist, wie dieser Pro-Avis seine Federn nutzte, um sich in die Luft zu erheben. Hierzu gibt es zwei stark konkurrierende Theorien. Die arboreale oder „vom-Baum-abwärts-Theorie" und die cursoriale oder „vom-Boden-aufwärts-Theorie". Mit anderen Worten, der Pro-Avis konnte seinen Flug entwickelt haben, indem er vom Baum heruntersprang und abwärts glitt, oder durch Laufen auf dem Boden mit ausgebreiteten Flügeln, was bei entsprechender Geschwindigkeit zum Abheben in die Luft führte.

Den cursorialen Pro-Avis stellt man sich als zweibeinigen Dinosaurier vor, der hinter seiner Beute her rennt, vielleicht hinter Insekten, Amphibien oder Reptilien. Er hielt seine befiederten Arme seitwärts, um etwas Auftrieb zu bekommen, der ihn beweglicher machte. Das Laufen war auf diese Weise weniger anstrengend. So mußte der Pro-Avis weniger Zeit und Kraft für das Jagen aufwenden. Bei dem arborealen Pro-Avis vermutet man, daß er ein Baumbewohner war, so wie viele der heutigen Reptilien. Er hat sich wahrscheinlich vom Baum aus in die Luft gestürzt und ist dann mit ausgestreckten Armen dahingeglitten, um den nächsten Baum zu erreichen. So ist er auf jeden Fall schneller, als wenn er den einen Baum herunter- und den nächsten hinaufklettern müßte.

Bei beiden Theorien hätte der Flügelschlag sowohl den Auftrieb als auch den Vortrieb vergrößert, aber der wichtigste Punkt ist, wie Pro-Avis-Nachfolger die komplizierten Flügelbewegungen und aerodynamischen Mechanismen entwickelt haben, die den Schlagflug ermöglichten. Da bisher noch keine Fossilien gefunden wurden, die darüber Aufschluß geben könnten, wie z. B. bei der Identität des Pro-Avis, hängt im Endeffekt die Wahl der Theorie von der eigenen Meinung ab. Einige Experten glauben, daß die „Baum-abwärts-Theorie" plausibel sei, während andere überzeugende Argumente dafür liefern, daß die Boden-aufwärts-Theorie wahrscheinlicher ist.

Das Skelett des Archaeopteryx *(unten) – rekonstruiert aus den Funden – verglichen mit dem Skelett einer Taube (nicht maßstabsgetreu). Die Grundzüge der beiden Baupläne sind sehr ähnlich, aber* Archaeopteryx *besitzt noch die schweren Kieferknochen und die Zähne eines Reptils, einen langen Schwanz und gut entwickelte Fingerknochen. Die Ringeltaube hat einen Brustbeinkiel, an dem die großen Brustmuskeln befestigt sind, die die Flügel bewegen, verstärkte Schulterknochen (das Gabelbein), Brustkorb, Becken und einen reduzierten Schwanz (das Pygostyl).*

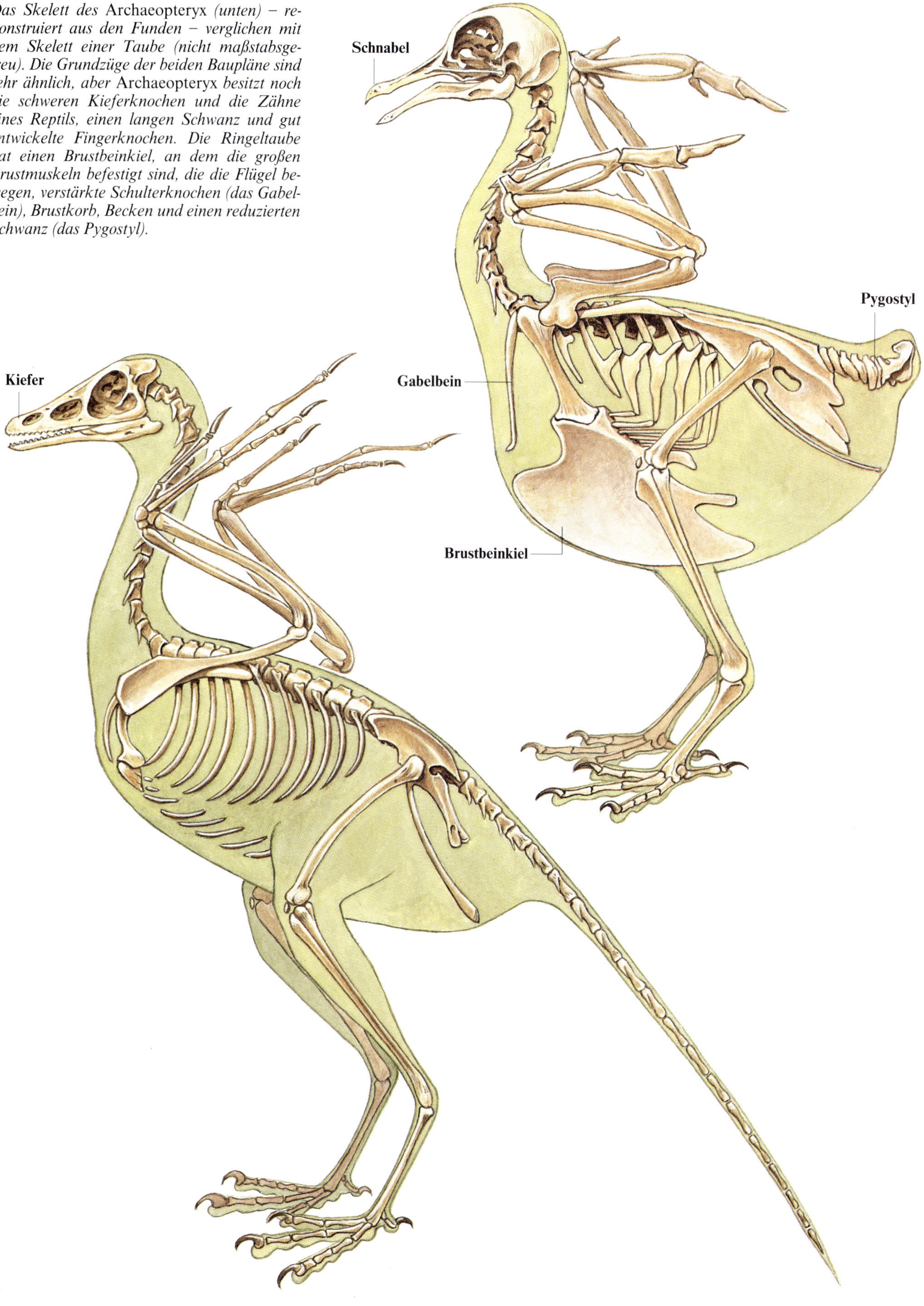

Ein Aspekt, der die erste Theorie unterstützt, ist, daß heutige gleitende Tiere mit Ausnahme der Fische Baumbewohner sind, die oberhalb des Bodens leben. Viele Waldtiere springen von Ast zu Ast, um Feinden zu entgehen und um ihre Futtersuche auszudehnen. Gleiten ist ein nützlicher Ausbau dieser Fähigkeiten. Leider können die Fossilien des *Archaeopteryx* so interpretiert werden, daß sie beide Theorien zulassen.

Die Abkömmlinge des Pro-Avis müssen viele Versuche unternommen haben, flugfähig zu werden, wobei die Vertreter, denen das Fliegen nicht gelang, ausstarben und bisher noch nicht als Fossilien in Erscheinung getreten sind, während *Archaeopteryx* ein Abkömmling einer Linie ist, die erfolgreich war. Nach *Archaeopteryx* traten die nächsten fossilen Vögel während der Kreidezeit auf, also etwa 60 Millionen Jahre später. Einer dieser fossilen Funde war *Ichthyornis,* ein Seeschwalben-ähnlicher Vogel, der immer noch Zähne hatte. Er war der erste Vogel, der ein gekieltes Brustbein als Ansatz für den großen Flugmuskel hatte. Vor 50 Millionen Jahren traten viele neuzeitliche Gruppen von Vögeln auf, aber aufgrund der geringen Anzahl der fossilen Funde ist es immer noch nicht möglich, die Verwandtschaftsbeziehungen vieler heutiger Vögel aufzuzeigen und einen kompletten Stammbaum aufzustellen.

Das Teichhuhn hat, genau wie das Bläßhuhn, als Jungvogel eine Klaue an seinem Daumen. Diese Klaue wird benutzt, um aus dem Nest zu klettern. Bei dem adulten Vogel wird der Daumen zum normalen befiederten Vorflügel (Alula).

Fliegenlernen

Während die Evolution des Vogelflugs weiterhin die heutigen Zoologen zur Verzweiflung bringt, hatten ihre Vorgänger große Schwierigkeiten herauszufinden, wie die Vögel fliegen. Im Laufe der Jahrhunderte haben viele Leute Vögel beobachtet und darüber nachgedacht, wie es ihnen gelingt, durch die Luft zu schweben, während die Menschen mit erschreckender Geschwindigkeit zu Boden fallen. Die Vorstellung, wie ein Vogel zu weit entfernten Orten zu fliegen oder Feinden mit einer Schnelligkeit und Leichtigkeit, wie sie den erdgebundenen Wesen versagt ist, zu entkommen, ist sehr verlockend. Die Freiheit der Vögel erfüllte die Menschen stets mit Neid und führte zu dem Wunsch, sie nachzuahmen,was sich in vielen Mythen und Sagen niederschlägt, in denen die Verwandlung des Menschen in einen Vogel ein gängiges Thema ist. So gab es den Griechen Menippus, der mit dem rechten Flügel eines Adlers und dem linken Flügel eines Geiers ausflog, um Zeus zu besuchen, sowie den Sachsen Wayland Smith, der aus Schwanenfedern einen Anzug herstellte.

Die erste Person, die das Problem des Vogelflugs systematisch in Angriff nahm, war Leonardo da Vinci. Zumindest ist er der erste, der Aufzeichnungen seiner Gedankengänge hinterließ. 1500 schrieb er: ‚Der Vogel ist ein Instrument, das gemäß den mathematischen Gesetzen funktioniert‘, und er setzte alles daran, diese Regel durch detaillierte Beobachtungen zu finden. *Der Codex des Vogelfluges* ist eine Sammlung von Leonardo da Vinci's groben Notizen und Aufzeichnungen, welche Skizzen von Vögeln und mechanische Pläne enthalten, die als Modell zur Erklärung der Bewegung des Vogelflügels genutzt wurden.

In vielen Dingen war Leonardo da Vinci seiner Zeit voraus. 1989 schrieb Colin Pennycuick: ‚Einige Ornithologen denken, daß es genauer ist, die Flügelflächen zu messen, nachdem man die Enden der Schwungfedern durch gerade Linien verbunden hat. Jedoch wird das Gewicht des Vogels durch die Federn getragen und nicht durch die Lücken dazwischen. Deshalb muß die Fläche der Federn ohne die Lücken dazwischen gemessen werden‘. Ungefähr 500 Jahre vorher hatte Leonardo da Vinci bereits dieselbe Beobachtung gemacht: ‚Die Fläche zwischen den Handschwingen ist wesentlich breiter als die Federn selber. Deshalb sollte jeder, der den Flug studiert, es vermeiden, die gesamte Flügelfläche in die Kalkulation mit einzubeziehen‘.

Die Genauigkeit der Vogelbeobachtungen von Leonardo da Vinci wird an folgenden Notizen deutlich: ‚Wenn der Vogel einen kleinen Schwanz und große Flügel hat, dann bewegen sich seine Flügel schnell und schnittig, dabei werden die Flügel so ausgebreitet, daß der Wind, wenn er direkt unter den Flügel gelangt, diesen anhebt. Dies habe ich an dem Flug eines jungen Falken beobachtet, oberhalb des Klosters von Vaprio, links von der Straße nach Bergamo am Morgen des 14. April 1500.‘ Leonardo muß der Erfinder des Freilandprotokolls gewesen sein.

Die meisten Aufzeichnungen beschäftigen sich mit den Kontrollmechanismen des Fluges, z. B.: ‚Der Schwanz zeigt Bewegungen ... manchmal wird er am Ende gleichmäßig abgesenkt, wenn der Vogel aufsteigt. ... Aber wenn der Schwanz tief liegt und die linke Seite tiefer ist als die rechte, dann steigt der Vogel in rechtsdrehenden Kreisbewegungen nach oben.‘ Dies ist richtig – die Steueraktionen der Flügel und des Schwanzes sind beobachtbare Merkmale des Vogelfluges – aber Leonardo da Vinci war nicht in der Lage, das Rätsel, wie die Vögel in der Luft bleiben und sich selbst durch die Luft schrauben, zu lösen. Er nahm an: ‚Der Vogel arbeitet in der Luft mit seinen Flügeln und seinem Schwanz ähnlich wie der Schwimmer mit seinen Armen und Beinen im Wasser.‘ Weiterhin schrieb er: ‚Die Flügel müssen abwärts und nach hinten gerudert werden, um den Gegenstand in der Luft zu halten und ihn darin vorwärts zu bewegen.‘ Dies ist falsch.

Trotz seiner genauen Freilandprotokolle und seines Wissens über Mechanik hat Leonardo da Vinci nicht den entscheidenden Unterschied zwischen einem Schwimmer, der vom Wasser hochgehoben wird, und einem Vogel, der hart gegen die Schwerkraft ankämpfen muß, um in der Luft zu bleiben, erkannt. Seinem Landsmann, dem Physiologen Giovanni Borelli, war dies klar. Er schrieb ein Jahrhundert später: ‚Einige Leute scheitern, weil sie denken, der Flug sollte so durchgeführt werden wie die Fortbewegung bei Schiffen, die ... durch den Einsatz von Rudern ... nach dem Rückstoßprinzip in die entgegengesetzte Richtung vorwärtsbewegt werden. Gleichfalls nehmen sie an, daß die Flügel in einer horizontalen Bewegung zum Schwanz hin geschlagen werden und so gegen die ruhende Luft stoßen, wodurch Widerstand erzeugt wird, der für die Bewegung nach vorn verantwortlich ist.

Aber dies widerspricht allen Beobachtungen und auch der Logik, denn man kann niemals fliegende Vögel wie Schwäne, Gänse oder ähnliches sehen, die ihre Flügel mit einer horizontalen Bewegung in Richtung Schwanz schlagen. Stattdessen werden die Flügel stets abwärts geschlagen, wobei sie senkrecht zum Horizont gerichtete Kreisbewegungen beschreiben. Weiterhin besteht in Schiffen ... nicht die Notwendigkeit, diese vor dem Absinken zu schützen, da sie durch die hohe Dichte des Wassers getragen werden. Aber im Falle der Vögel

Eine Skizze des Flugarms, den George Cayley für seine bahnbrechenden Experimente an Tragflächen benutzte. Der Arm wurde durch ein Gewicht bewegt, das an einer Schnur hing, die über einen Flaschenzug lief.

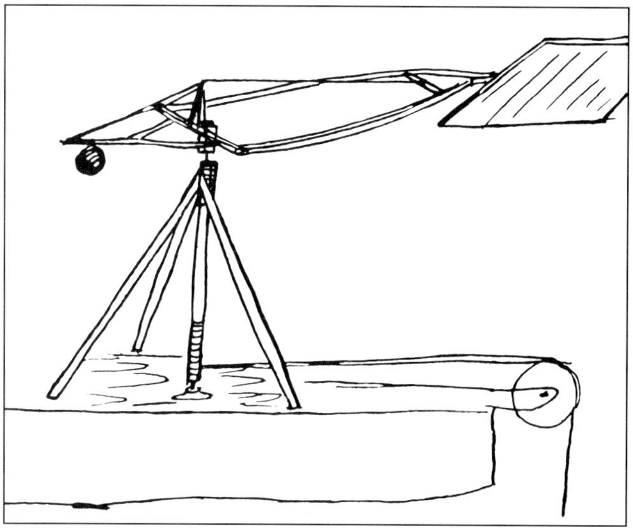

wäre es dumm, eine solche horizontale Bewegung zu machen, da diese den Flug stark behindern würde, und der schwere Vogel würde letztendlich rapide zu Boden fallen.‘

Borelli hatte den wichtigsten Aspekt erkannt: die Vögel müssen eine abwärtsgerichtete Kraft erzeugen, die der Gravitation entgegenwirkt. Seine Theorie bestand darin, den Abschlag der Flügel mit der Bewegung eines Keils, der in einen Holzblock getrieben wird, zu vergleichen. Die Elastizität des gespaltenen Holzes bewirkt, daß der Keil zum Teil wieder aus dem Holz ausgetrieben wird (wie ein Orangenkern, den man zwischen Zeigefinger und Daumen zusammendrückt). Auf gleiche Art und Weise würde der Vogel durch die von seinen Flügeln verdrängte Luft nach vorne und aufwärts geschoben. Trotz dieser genialen, aber leider unzutreffenden Vorstellung wurden die Mechanismen der Krafteinwirkung an einem sich durch die Luft bewegenden Flügel erst im frühen 19. Jahrhundert richtig erkannt. George Cayley, ein bekannter Vogelbeobachter, setzte die Untersuchungen seiner Vorgänger fort, um dann das richtige Prinzip des Flugs mit Hilfe eines einfachen Experiments nachzuweisen. Er sah, daß das Hauptproblem darin besteht, eine geeignete Tragfläche zu konstruieren, die ein bestimmtes Gewicht halten kann und an der Kräfte ansetzten, um den Luftwiderstand zu überwinden. Er demonstrierte dies, indem er eine Feder in leicht nach oben geneigter Stellung durch die Luft zog, wobei hebende Kräfte an der Feder auftraten. Es war der erste Beweis der Hubkraft, die die Basis des Vogelflugs sowie der Luftfahrt darstellt.

Berechnungen, die auf den Beobachtungen des Flugs von Reihern und Saatkrähen beruhen, ermöglichten Cayley 1853, einen lenkbaren Fallschirm zu konstruieren, der mit Paddeln versehen war, die den Vortrieb unterstützten und den Flug verlängern sollten. Leider hat keinerlei Beschreibung dieser historischen Maschine überlebt, aber ein Augenzeuge berichtet, wie entzückt Cayleys Kutscher darüber war, den ersten erfolgreichen westlichen Flug mit einer bemannten Maschine, die schwerer als Luft ist, zu unternehmen. Nur wenige Details blieben erhalten – mit Ausnahme der Worte des epochemachenden Piloten: ‚Bitte, Sir George, ich möchte bemerken, daß ich zum Fahren und nicht zum Fliegen angestellt wurde‘.

Im 6. Jahrhundert hatte bereits der chinesische Eroberer Gao

Der Bauplan der Gleitflugzeuge, die die Gebrüder Lilienthal konstruierten, basierte auf Vogelflugbeobachtungen. Ihr Hauptproblem war, dem Flugzeug eine stabile Fluglage zu verleihen, durch die es selbständig auf einem konstanten Kurs bleiben kann.

Yang Gleitflugzeuge, in denen zum Tode verurteilte Gefangene saßen, von einem Turm herabgleiten lassen. Diese Flugversuche blieben jedoch erfolglos, und es wird lediglich berichtet, daß der Eroberer sich sehr an diesem grausamen Spiel erfreute.

Die nächsten berühmten Pioniere des Fluges waren die Brüder Lilienthal. Otto Lilienthal schrieb ein Buch, das er *Vogelflug als Grundlage der Fliegekunst* nannte. Die Brüder benutzten Vogelbeobachtungen, um die Bauweise ihrer Gleitflugzeuge zu untermauern. Mit diesen Flugzeugen flogen sie mehrere hundert Male, bis Otto bei einem Unfall 1896 ums Leben kam. Die Probleme, mit denen sowohl die Pioniere Lilienthal als auch der Franzose L. P. Moulliard, ein weiterer Beobachter des Vogelflugs, zu kämpfen hatten, konzentrierten sich hauptsächlich darauf, die Kontrolle über die beim Flug wirkenden Kräfte zu gewinnen. 1903 machten die Brüder Wright den Durchbruch zum kraftunterstützten Flug, indem sie den internen Verbrennungsmotor entdeckten. Aber die Unsicherheiten darüber, wie man die Kräfte an den sich schnell bewegenden leichtgewichtigen Maschinen kontrollieren konnte, forderte weiterhin viele Opfer unter den Pionieren der Luftfahrt, da die Maschinen schwerer als die Luft waren und unwiderruflich unter dem Einfluß der Schwerkraft standen.

Schließlich erreichte die Entwicklung der Luftfahrzeuge jedoch den Punkt, an dem das Wissen der Flugtechnik über die Aerodynamik auf den Vogelflug übertragen werden konnte. Die frühen Ausgaben der Luftfahrtzeitschriften sind mit Artikeln von Maschinenbauern und Physikern übersät, in denen sie ihre neuerworbene Sachkenntnis dazu nutzten, den Vogelflug zu erklären. Aber die Studien des Vogelflugs wurden mehr und mehr unabhängig von dem Wunsch des Menschen, den Vögeln in die Luft zu folgen. Die Bemühungen gingen dahin, schnellere und schwerere Maschinen zu bauen, und die dabei auftretenden Probleme hatten nur noch wenig Beziehung zu denen, die man am schlagenden Flügel eines kleinen Vogels erkannt hatte. Es wird oft erzählt, daß der hitzköpfige Kämpfer des Zweiten Weltkriegs inspiriert wurde beim Anblick einer Möwe, die über ihn herflog. Aber die Geschichte ist nicht wahr; ihr Ursprung liegt in der Entwicklung eines Entwurfs, der auf der erfolgreichen Anwendung der Aerodynamik basiert.

Der erste, der den Schlagflug im Detail untersuchte, war Etienne-Jules Marey, ein Zeitgenosse der Brüder Lilienthal. Er war ein brillanter Konstrukteur und entwickelte eine Kamera, die 11 Fotos pro Sekunde machen konnte. Seine mehrfach belichteten Darstellungen von Tauben, Enten, Habichten, Möwen und Pelikanen erscheinen ungeschliffen im Vergleich zu den modernen Farbfotographien, die mit Blitzlicht gemacht werden, aber trotzdem sind sie die ersten Bilder, die das Muster des Flügelschlages festhielten. Marey konstruierte auch Druckmesser, die er an den Vögeln befestigte, um die Bewegungen des Flügelschlages aufzuzeichnen.

Nach Marey konzentrierten sich die Interessen auf den relativ einfachen Gleitflug. Viele Jahre vergingen, bevor das Augenmerk wieder auf die komplexeren Muster des Schlagfluges gelenkt wurde. Eine Schwierigkeit der Forscher beim Untersuchen der Frage, wie ein Flügelschlag den Vogel vorwärtstreibt und trägt, ist folgende: die Bewegung des Flügels verändert sich ständig, sogar zwischen zwei aufeinanderfolgenden Schlägen. Schließlich benutzte R. H. J. Brown von der Universität Cambridge in den fünfziger Jahren elektronische Blitzlichter, um die Flügelschläge einer Taube mit 100 Bildern pro Sekunde festzuhalten. Auf diese Weise war er in der Lage, die exakte Abfolge der Ereignisse während eines Flügelschlages zu demonstrieren und die dabei wirkenden Kräfte, die den Vogel vorantreiben, unter anderem anhand der Federbeugung abzuleiten.

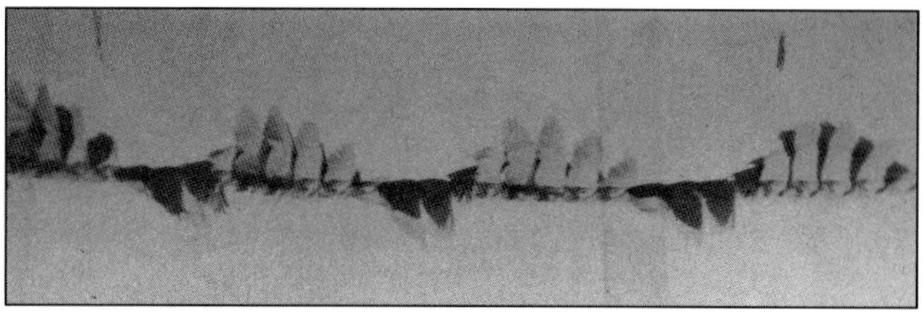

Vor mehr als 100 Jahren machte der Franzose Etienne-Jules Marey mehrfach belichtete Fotographien von Vögeln im Flug, um das Muster ihres Flügelschlags zu untersuchen. Wiederholtes Belichten in sehr kurzen Zeitintervallen führt dazu, daß aufeinanderfolgende Positionen der Flügel in einem Bild festgehalten werden können.

Vieles über den Vogelflug bleibt ungeklärt, weil sich die gebräuchliche Aerodynamik mehr mit den starren Flügeln der Flugzeuge beschäftigt und keinen Bezug hat zu den komplexen Flügelschlägen des Vogelflugs. Die Mechanismen des Vogelflugs sind nun die Domäne der Biologen. Die Unsicherheiten, die auf diesen Seiten auftreten, werden zeigen, wie schwierig die Studien sind. Vögel wurden daran gewöhnt, im Labor zu fliegen, wo man Instrumente benutzen kann, um die Bewegung im waagerechten Flug aufzuzeichnen. Aber verfolgt man eine Schar von Saatkrähen im Vorbeiflug, wie sie auf- und absteigen und sich umeinanderdrehen, anscheinend aus purer Freude am Fliegen, und wie sie erschrecken beim Anblick eines Sperbers, der seine Beute aus der Luft greift, oder beobachtet man einen dicht gepackten Schwarm von Staren, der über seinem Schlafplatz kreist, so scheint es unmöglich, die bei diesen Manövern auf den Vogelkörper einwirkenden Kräfte und die Art und Weise, wie sie kontrolliert werden, zu erklären. Wir sind immer noch sehr unerfahren, was die Physik des Vogelflugs anbelangt, aber es gibt sehr viele Parallelen zu den Flugzeugen, die es ermöglichen, einige der aerodynamischen Tricks zu erklären, welche die Vögel benutzen, um ihr Leben in der Luft zu meistern.

Der Vogel als Flugmaschine

Um den Vogelflug zu verstehen, sind Kenntnisse über die Grundlagen der Aerodynamik und der Art und Weise, wie ein Flügel Auftrieb erzeugt, erforderlich. In diesem Kapitel wird der Flügel eines einfachen Flugzeuges als Modell benutzt, einmal, um das Gleiten zu demonstrieren, und zum anderen, um die Komplexität des Schlagfluges zu ergründen.

Fliegen ist die anstrengendste Aktivität im Tierreich. Deshalb kombinieren die Vögel hohe Kraftproduktion mit geringem Körpergewicht. Ihre Körper sind daher so konstruiert, daß sie die Voraussetzungen für das Fliegen erfüllen. Das Skelett und die inneren Organe sind leichter geworden, aber die Flugmuskeln sind riesig, und ein einzigartiges Atmungssystem versorgt sie mit Sauerstoff.

Kaptölpel fliegen wunderbar mühelos und leicht über die See, wenn sie auf ihren Streifzügen weit vor der Küste Südafrikas nach Fischen suchen.

Grundlegende Prinzipien

Der langsame und weit ausholende Flügelschlag eines Reihers oder einer Krähe vermittelt den Eindruck, als würde der Vogel durch die Luft rudern. Ein Vogel schlägt jedoch nicht mit seinen Flügeln, um Luft nach unten und seinen Körper aufwärts zu drücken, sondern er bewegt die Flügel vorwärts durch die Luft, so daß Luft um den Flügel strömt und dadurch eine hebende Kraft erzeugt. Der Flügel eines Flugzeuges arbeitet nach demselben Prinzip.
Er ist beim Flug durch die Luft vier verschiedenen Kräften ausgesetzt. Wenn sich das Flugzeug auf einem geraden und waagerechten Kurs befindet, dann müssen die beiden Kräfte, die zueinander in entgegengesetzter Richtung wirken, gleich groß sein. Das Gewicht zieht unter dem Einfluß der Schwerkraft senkrecht nach unten. Dies wird ausgeglichen durch eine hebende Kraft, den Auftrieb, der vom Flügel produziert wird. Der Vortrieb, den die Motoren erzeugen, wird durch den nach hinten ziehenden Widerstand reduziert.
Ein Flugzeug fliegt, weil die Flügel bei der Bewegung durch die Luft genügend Auftrieb erzeugen, um das Gewicht in der Luft zu halten. Die aerodynamischen Grundlagen hierzu können sehr einfach demonstriert werden. Ein Flügel ist kein flaches Brett, sondern eine gewölbte Tragfläche. Wenn der Luftstrom (Anströmung) auf die Vorderkante des Flügels trifft, teilt er sich auf, um über und unter dieser Tragfläche entlang zu strömen. Die Luft, die über dem Flügel strömt, muß notgedrungenerweise schneller fließen als die unter dem Flügel strömende Luft, da der Weg oben aufgrund der Flügelwölbung länger ist. Der Luftdruck wird daher auf der Oberseite geringer als auf der Unterseite. Der Grund für die Abnahme des Luftdrucks wurde als erstes von dem schweizer Physiker Daniel Bernoulli (1700–1782) erklärt. Er fand heraus, daß Wasser, welches ein Rohr hinunterfließt und dabei auf eine Verengung trifft, schneller wird (denken Sie an einen Fluß, der durch eine Schlucht fließt) und sein Druck abnimmt. Die Verengung in dem Rohr sieht aus wie die Wölbung auf der Oberseite einer Tragfläche, und genau dieselbe Erhöhung der Strömungsgeschwindigkeit und Druckerniedrigung findet im Luftstrom über dem Flügel statt.
Man kann den Bernoulli-Effekt und die hebende Kraft eines Luftstroms über einer Tragfläche mit Hilfe eines Blatt Papiers demonstrieren. Dazu hält man es an zwei Ecken fest, so daß es nach hinten hinunterhängt. Dann bläst man kräftig, wobei der Luftstrom über die Oberseite der Kante strömt. Aufgrund der Reduktion des Luftdrucks auf der Oberseite wird sich das Papier im Luftstrom anheben. Der gegensätzliche Effekt tritt auf der Unterseite der Tragfläche auf. Der Luftstrom wird hier langsamer und der Druck größer. Der Auftrieb entsteht durch die Druckerniedrigung auf der Oberseite der Tragfläche, wodurch diese „hochgesogen“ wird, und die auf der Unterseite komprimierte Luft drückt die Tragfläche nach oben. Die Größe des Auftriebs hängt unter anderem von dem Grad der Wölbung der Tragfläche ab, weil eine steilere Wölbung den Weg der oberen Luftströmung verlängert und diese dadurch noch schneller werden läßt.
Der Flügel ist einer weiteren Kraft ausgesetzt, dem Widerstand, der in dieselbe Richtung wirkt wie die Anströmung und den Flügel deshalb nach hinten zieht. Zum Teil resultiert der Widerstand aus der Bewegung des Flügels durch die Luft. Diese Art von Widerstand wird als induzierter Widerstand bezeichnet. Die auf der Unterseite des Flügels entlangströmende Luft, die einen hohen Druck aufweist, versucht am Rand des Flügels nach oben zu gelangen, um dort den niedrigeren Druck auszugleichen. Dabei entsteht ein Wirbel an der Flügelseitenkante bzw. Flügelspitze, der sich als Flügelspitzenwirbel ablöst. Die Reduktion der Ausgleichsströmung und damit auch des induzierten Widerstandes ist von Bedeutung für den Bau des Flügels. Der induzierte Widerstand ist bei geringer Geschwindigkeit am größten. Es gibt zwei weitere Formen des Widerstands, die mit zunehmender Geschwindigkeit größer werden. 1. Der Rumpfwiderstand wird beim Um-

Die vier Kräfte

Bei einem Flugzeug oder Vogel im waagerechten Flug sind die vier Kräfte, die auf den Körper einwirken, ausgeglichen. Auftrieb und Gewicht sowie Vortrieb und Widerstand sind dann jeweils gleich groß und wirken in entgegengesetzter Richtung.

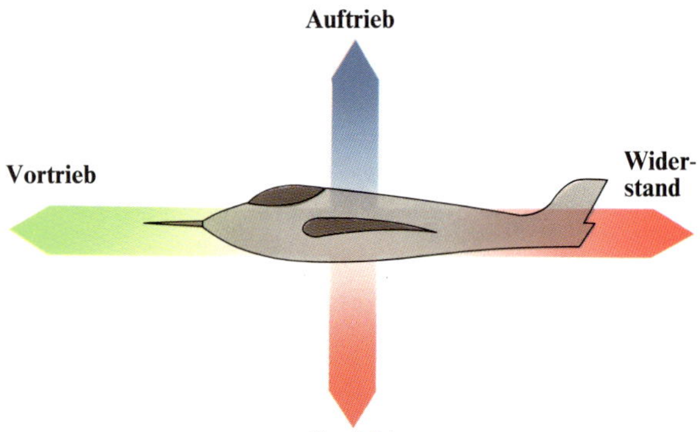

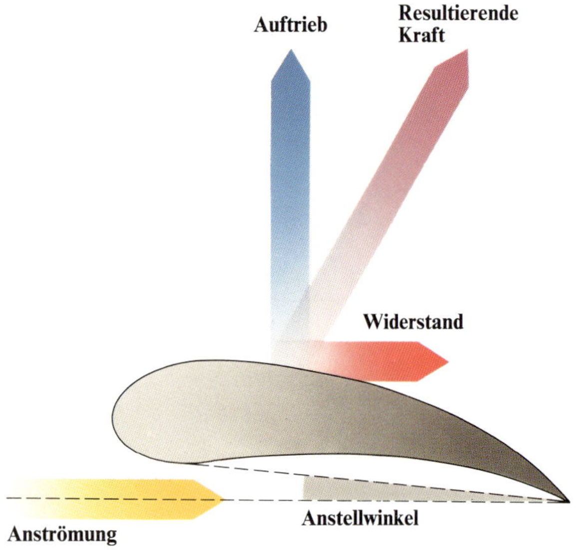

Der Winkel zwischen der Anströmung und der Tragfläche wird Anstellwinkel genannt. Der Luftstrom, der über der Tragfläche entlang geht, erzeugt Auftrieb und Widerstand, deren Zusammenwirken eine resultierende Kraft ergeben, die mehr in vertikaler als in horizontaler Richtung wirkt.

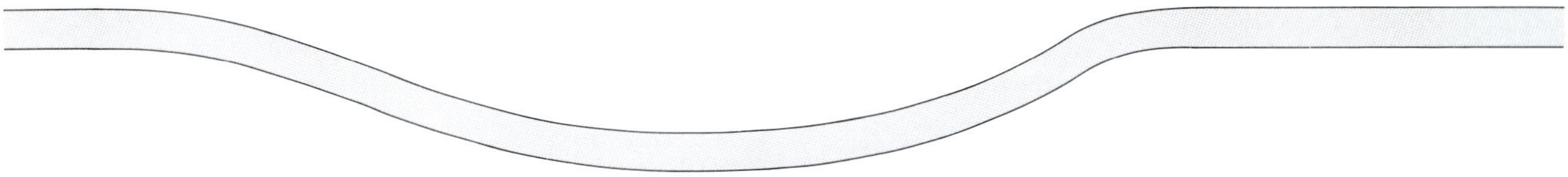

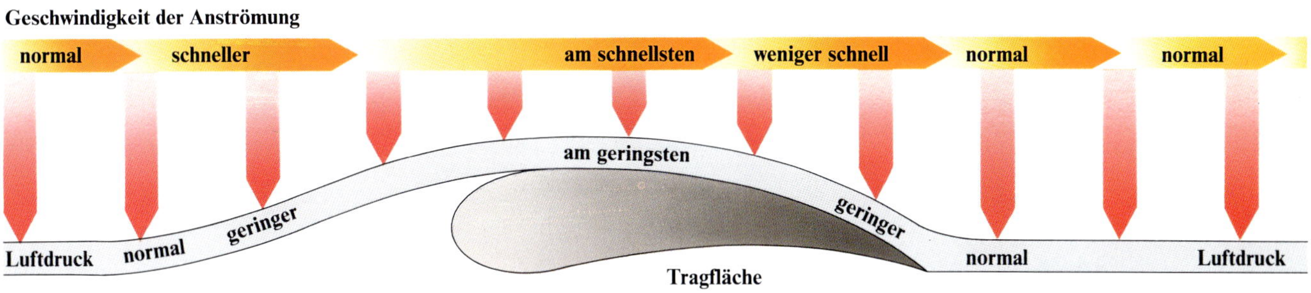

Oben: Der Bernoulli-Effekt. Eine Flüssigkeit, die durch ein Rohr fließt, wird beschleunigt, und ihr Druck fällt ab, wenn sie auf eine Verengung trifft. Dasselbe geschieht, wenn Luft über eine Tragfläche strömt. Der Druckabfall wirkt in Form einer hebenden Kraft.

Unten: Die hebende Kraft eines Luftstroms, der über einer Tragfläche entlanggeht, kann demonstriert werden, indem man kräftig über den Rücken eines Papierblattes bläst und beobachtet, wie sich dieses hebt.

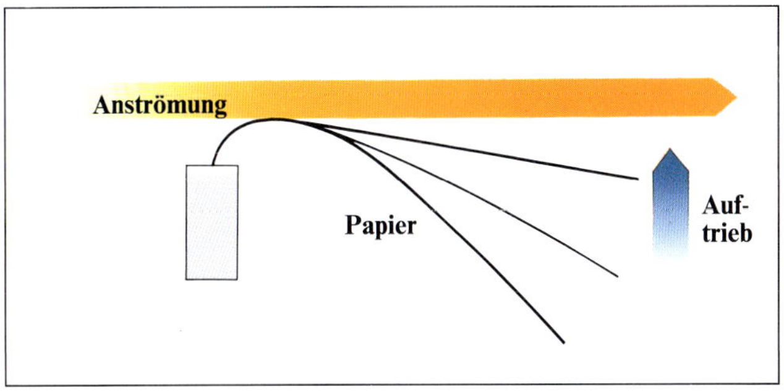

strömen des Rumpfes durch die Luft erzeugt, so daß eine gute Stromlinienform besonders bei hohen Geschwindigkeiten wichtig wird. 2. Der Widerstand am Flügel (Flügelwiderstand) wird durch die Reibung der Luft an den Oberflächen der Flügel und auch durch den sich an der Hinterkante der Flügel ablösenden Wirbel erzeugt. Beim schlagenden Flügel, besonders beim Flug auf der Stelle, den kleine Vogelarten oft

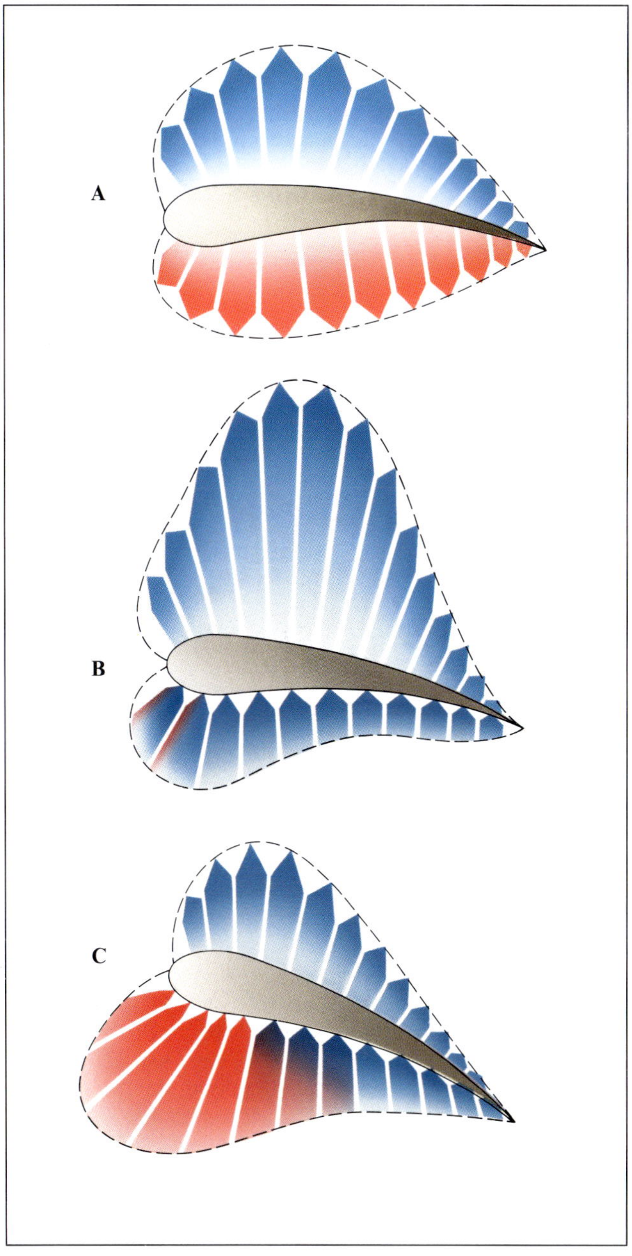

Rechts: Eine schematische Darstellung der auf eine Tragfläche wirkenden Kräfte. Wenn Luft über eine Tragfläche strömt, entstehen unter und über ihr Zonen von hohem und niedrigem Luftdruck. Aufgrund dieser Druckdifferenzen entwickeln sich Kräfte, deren Richtung und Stärke durch die Richtung und Größe der Pfeile dargestellt wird. Bei einem Anstellwinkel von 0° (A) besteht auf beiden Seiten der Tragfläche ein relativ niedriger Luftdruck, und die Druckverhältnisse sind nahezu ausgeglichen. Der optimale Anstellwinkel liegt bei etwa 5° (B), bei dem der Druck auf der Oberseite der Tragfläche sehr niedrig und auf der Unterseite sehr hoch ist, wodurch Auftrieb entsteht. Bei etwa 15° sackt die Tragfläche durch (C). Der Grund dafür ist, daß der niedrige Druck auf der Oberseite verringert wird, während der Druck auf der Unterseite zunehmend größer wird und somit einen sehr hohen Widerstand verursacht (siehe Seite 24).

Der Luftstrom über einer Tragfläche produziert Auftrieb und Widerstand. Die Resultierende aus diesen beiden Kräften – das Auftrieb-Widerstands-Verhältnis – hängt vom Anstellwinkel ab. Bei 0° sind Auftrieb und Widerstand sehr gering; wenn der Anstellwinkel größer wird, nimmt anfangs der Auftrieb schneller zu als der Widerstand, so daß das maximale Auftrieb-Widerstands-Verhältnis bei einem Anstellwinkel von etwa 5° erreicht wird. Danach vergrößert sich der Widerstand sehr schnell, und bei einem Anstellwinkel von etwa 15° wird der Luftstrom über der Oberseite turbulent und damit der Auftrieb kleiner.

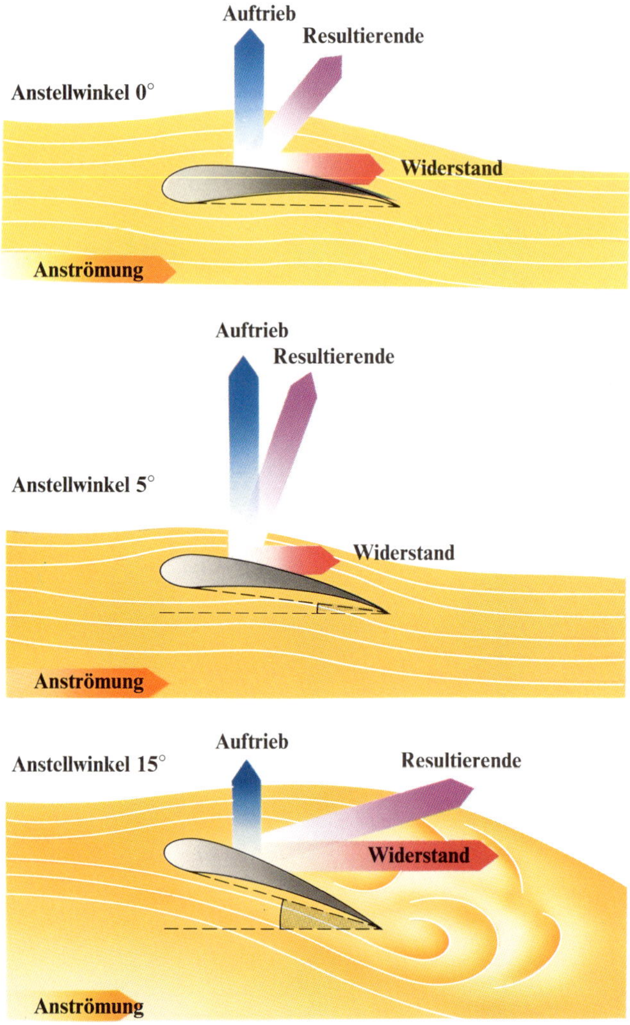

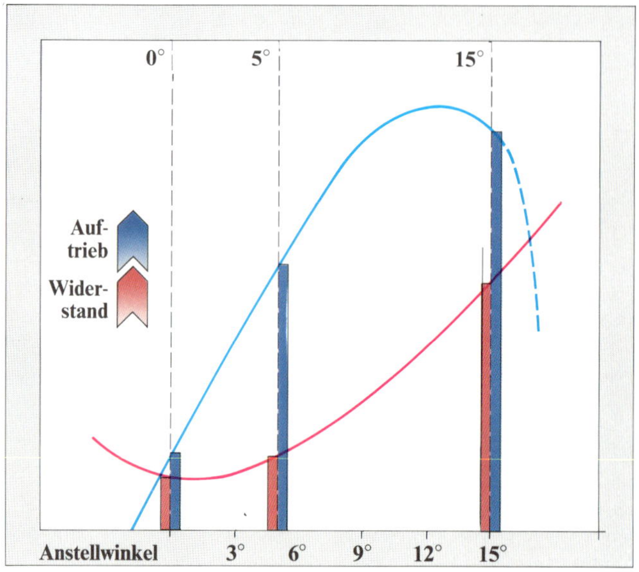

ausführen, entstehen wahrscheinlich noch sehr viel mehr Wirbel, die einerseits Energieverlust bedeuten, andererseits aber auch für die Auftriebs- und Vortriebserzeugung wichtig sind.
Auftrieb und Widerstand zusammen ergeben eine resultierende Kraft, die als Auftrieb-Widerstands-Verhältnis bezeichnet wird und die Nettokrafteinwirkung auf den Flügel beschreibt. Ein Flugzeug oder ein Vogel braucht ein möglichst großes Auftrieb-Widerstands-Verhältnis, d. h. viel Auftrieb und wenig Widerstand. Ein Weg, dies zu erreichen, ist, den Widerstand durch stromlinienförmige Gestaltung der Flügel und des Körpers zu reduzieren. Aber noch wichtiger ist es, den Winkel, den der Flügel zur Anströmung einnimmt, zu kontrollieren. Diesen nennt man Anstellwinkel. Wenn der Flügel horizontal zur Anströmung steht, gibt es wenig Unterschied zwischen Auftrieb und Widerstand. Aber mit zunehmender Vergrößerung des Anstellwinkels wird auch die Luftgeschwindigkeit auf der Oberseite des Flügels größer, und der Auftrieb erhöht sich. Trotzdem fällt der Auftrieb ab einer gewissen kritischen Größe des Anstellwinkels von 12–16° wieder ab, weil der Luftstrom dann nicht mehr am Flügel anliegt, sondern sich teilweise ablöst, so daß Wirbel entstehen, die den Vogel bremsen. Zu diesem Zeitpunkt wächst der Widerstand enorm an. Der Vogel sackt dann ab. Sein Ziel besteht also darin, mit einem Anstellwinkel zu fliegen, der das beste Auftrieb-Widerstands-Verhältnis erzeugt. Im Diagramm liegt dieser optimale Anstellwinkel bei 3–4°. Er kann aber bei Vogelflügeln auch etwas größere Werte einnehmen.
Der Flügel hat zwei weitere Merkmale, die seine Flugcharakteristik beeinflussen: die Flügelflächenbelastung und die Flügelstreckung. Die Flügelflächenbelastung ist das Verhältnis zwischen dem Gewicht des Flugzeuges und seiner Flügelfläche. Ein Flugzeug, das eine hohe Flächenbelastung hat, muß schneller fliegen, um den benötigten Auftrieb zu erzeugen. Deshalb hat ein schweres kleinflügeliges Jagdflugzeug eine hohe Flächenbelastung, während ein Segelflugzeug eine niedrige Flächenbelastung aufweist. Die Flügelstreckung stellt das Verhältnis von Flügellänge zu Flügelbreite dar. Ein langer, schmaler Flügel hat eine hohe Flügelstreckung. Weiterhin hat er einen geringen induzierten Widerstand, weil eine große Fläche zum Erzeugen von Auftrieb vorhanden ist, aber nur eine schmale Flügelspitze, wo der Flügelspitzenwirbel entsteht. Beim Segelflugzeug ist der Flügelspitzenwirbel weiterhin reduziert, weil die Seitenkante des Flügels, wo die Ausgleichsströmung stattfindet, keine Linie, sondern nur noch einen Punkt darstellt, d. h. der Flügel läuft spitz zu. Hierdurch wird die Druckdifferenz zwischen Ober- und Unterseite des Flügels vom Rumpf zur Flügelspitze hin kontinuierlich verringert. Ein niedriger Widerstand erfordert eine hohe Flügelstreckung und ist ein Merkmal der Segelflugzeuge. Aber ein langer Flügel ist von seiner Struktur her schwach. Deshalb haben Flugzeuge, die für das rasante Kunstfliegen konstruiert werden, kurze Flügel und eine niedrige Flügelstreckung. All dies muß in Betracht gezogen werden, wenn man die Anpassungen der Vögel an ihre verschiedenen Lebensweisen untersucht.

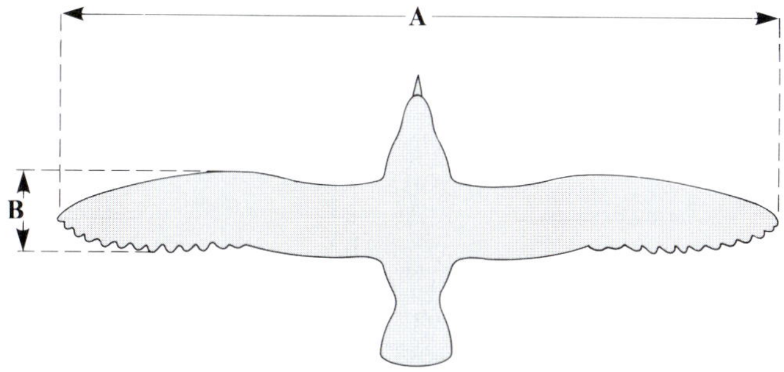

Die Flügelstreckung ist das Verhältnis zwischen Flügelspannweite (A) und der Seitenlänge oder Breite des Flügels (B). Ein Eissturmvogel mit langen, schmalen Flügeln (oben) hat eine höhere Flügelstreckung als ein Fasan mit kurzen, breiten Flügeln (rechts). Flügel mit hoher Flügelstreckung sind aerodynamisch effektiver, aber sie können nicht so schnell geschlagen werden wie kurze, breite Flügel mit derselben Flügelfläche.

Foto oben: Seine langen schlanken Flügel mit spitz zulaufenden Flügelenden verleihen dem Bindenfregattvogel einen sehr effektiven hebenden Flug, der ihm ermöglicht, für lange Zeit über dem Meer zu fliegen.

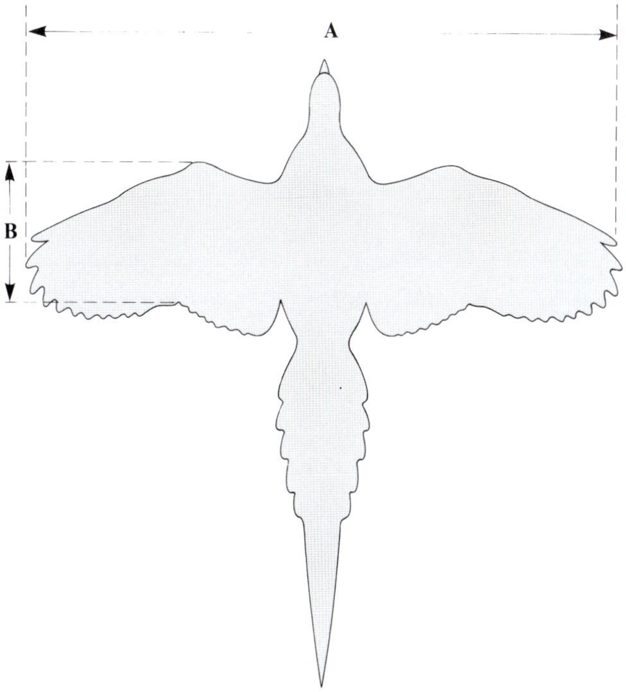

Der Vogelflügel

Verglichen mit der einfachen Tragfläche eines Flugzeuges ist der Vogelflügel eine komplizierte Konstruktion. Der wichtigste Unterschied zur Tragfläche eines Flugzeugs besteht darin, daß der Vogelflügel beide Funktionen, also die der hebenden Oberfläche und die Funktion des Antriebs, erfüllt. Deshalb muß er starr genug sein, den auftretenden Kräften des Auftriebs und des Widerstandes standzuhalten. Gleichzeitig muß er flexibel genug sein, um die Komplexität des Flügelschlags zu gewährleisten.

Die Flügel entwickelten sich aus den ursprünglichen Vordergliedmaßen der Reptilien, welche noch fünf Zehen zum Gehen hatten. Nachdem diese Funktion nicht mehr von den Vordergliedmaßen erfüllt werden mußte, unterlagen diese radikalen Veränderungen im Knochenbau. Die Schulter hat sich aufwärts bewegt, so daß der Körper des Vogels und sein Schwerpunkt zwischen den Flügeln hängt, um das Gleichgewicht zu halten. Der Humerus (Oberarmknochen) ist normalerweise relativ kurz, vor allem bei Vögeln mit einem schnellen Flügelschlag, wie bei den Kolibris. Aber bei gleitenden Vogelarten ist er länger und schlanker. Die Schulter ist ein „universelles" Gelenk, was bedeutet, daß der Humerus sich entsprechend den komplexen Bewegungen des Flügelschlags und des Flügelfaltens bewegen kann. Im Gegensatz zu Reptilien und Säugern jedoch ist die Hauptbewegungsrichtung des Humerus beim Vogel mehr senkrecht für das Fliegen, und weniger horizontal, wie sie für das Gehen notwendig ist. Der Ellbogen und das Handgelenk bewegen sich in horizontaler Ebene und dienen zum Ausbreiten und Falten des Flügels.

Die größten anatomischen Veränderungen beim Vogelflügel fanden im Handgelenk und in der Hand selber statt. Die meisten Knochen sind zusammengewachsen oder vollkommen verschwunden. Der wichtigste Überlebende ist der Carpometacarpus, der unseren Mittelhandknochen entspricht. Nur drei Finger sind übriggeblieben, und auch sie haben die meisten ihrer Knochen verloren.

Die Flugfedern, auch Schwungfedern genannt, inserieren am Arm- und Handteil. Die Handschwingen (primäre Schwungfedern) – in der Regel 11 Stück – sind am 2. und 3. Finger und am Mittelhandknochen befestigt. Sie machen den größten Teil der Flügelfläche aus und sind für den Flug unentbehrlich. Die Armschwingen (sekundäre Schwungfedern) sind an der Elle, einem der beiden Unterarmknochen, befestigt. Ihre Anzahl hängt von der Flügelform ab und variiert zwischen 6 und 7 bei Kolibris bis zu 40 bei Albatrossen. Wenn die Armschwingen einer Taube entfernt werden, so wird die Flügelfläche um die Hälfte reduziert, aber die Taube kann immer noch fliegen. Entfernt man jedoch lediglich die Enden der Handschwingen, so kann sie nicht mehr vom Boden auffliegen.

Weiterhin gibt es noch tertiäre Schwungfedern am Oberarmknochen, sowie weitere drei bis vier Federn am Daumen, die man als Daumenfittich oder Vorflügel (Alula) bezeichnet. Dieser wird bei geringen Fluggeschwindigkeiten benötigt, um die Kontrolle über den Flug zu halten (siehe Seite 33). Die übrigen Federn werden Deckfedern genannt. Sie überlappen sich wie Dachziegel, um den gebogenen stromlinienförmigen Umriß der Tragfläche zu erzeugen.

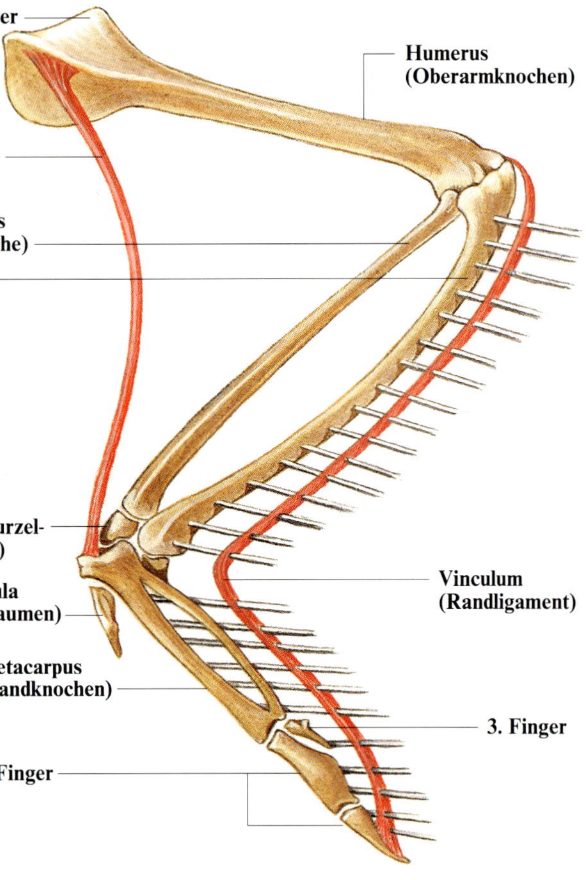

Oben: Ein Baßtölpel schwebt in der Nähe seiner Kolonie. Es ist deutlich zu sehen, daß sich der Flügel in einen inneren und einen äußeren Teil gliedert, die durch das Handgelenk verbunden sind.

Links: Die Hauptknochen und Sehnen eines Vogelflügels. Die Sehne, die von der Schulter zum Handgelenk läuft, verhindert, daß sich der Flügel zu weit öffnet. Außerdem spannt sie das Hautgewebe, das die Vorderkante des Flügels bildet. Ein Band an der hinteren Flügelkante, das Vinculum, hält die Schwungfedern in der richtigen Position.

Die Anordnung der Schwungfedern auf dem Flügel. Die sekundären Schwungfedern des inneren Flügels inserieren auf der Elle, die primären Schwungfedern des äußeren Flügels an den Handknochen. Die Federn des Vorflügels (Alula) werden vom Daumen getragen.

Oben: Ein Querschnitt durch einen Flügel zeigt, wie die Kontur- und Schwungfedern der Tragfläche einen aerodynamischen Umriß, ähnlich der Form eines Flugzeugflügels, verleihen.

Ausbreiten der Flügel

Der Mechanismus zum Ausbreiten und Zusammenfalten der Flügel ist raffiniert. Wenn der Vogel seine Flügel ausbreitet, werden die Knochen so ausgerichtet, daß sich die Handschwingen automatisch öffnen und in die richtige Stellung gebracht werden. Man kann dies an einem toten Vogel ausprobieren, indem man mit dem Daumen von hinten gegen den Ellbogen drückt. Wenn sich der Unterarm streckt, so streckt sich auch die Hand, und die Handschwingen werden ausgebreitet. Die Bewegung kommt dadurch zustande, daß die Flügelknochen wie eine Reihe von Hebeln aufeinander wirken. Während der Oberarmknochen nach vorne geht, zieht er an der Speiche des Unterarmknochens. Das äußere Ende der Speiche ist mit den radialen Handwurzelknochen und dem Mittelhandknochen verbunden, so daß diese über den abgerundeten Kopf der Elle gezogen werden, um das Handgelenk zu strecken.

Schließlich breitet sich der Flügel nicht weiter aus. Obschon er immer noch nicht ganz gestreckt ist, fühlen Sie an den Knochen, daß diese immer noch die Form eines gedehnten N haben. Weitere Ausbreitung wird verhindert durch eine Sehne, die von der Schulter zum Handgelenk führt. Dieselbe Sehne sorgt dafür, daß sich ein Hautgewebe, das Propatagium, oder auch vordere Flughaut genannt, auf der Vorderkante des Flügels streckt und somit die Wölbung auf der vorderen Seite der Tragfläche bildet.

Die Basen der Hand- und Armschwingen werden durch ein elastisches Ligament, das Vinculum oder Randligament, verbunden, das sich zwischen dem Ellbogen und der Spitze des 2. Fingers erstreckt. Wenn dieses Gewebe beim Ausbreiten der Flügel gespannt wird, werden die Schwungfedern automatisch in die richtige Anordnung gebracht, etwa im rechten Winkel zum Knochen, an dem sie befestigt sind. Während der Flügel weit ausgestreckt ist, können die Handschwingen zusätzlich

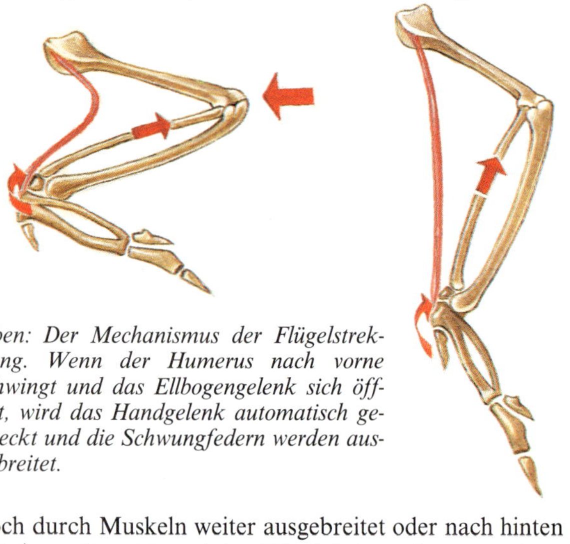

Oben: Der Mechanismus der Flügelstrekkung. Wenn der Humerus nach vorne schwingt und das Ellbogengelenk sich öffnet, wird das Handgelenk automatisch gestreckt und die Schwungfedern werden ausgebreitet.

noch durch Muskeln weiter ausgebreitet oder nach hinten gefaltet werden. Aber einige Vögel haben eine vorspringende Kante auf dem Mittelhandknochen, die in eine Kerbe auf der Elle einrastet, um das Handgelenk in einer bestimmten Stellung zu halten.

Die Federn

Die Federn sind wundersame Konstruktionen – leicht, stabil und flexibel. Sie bestehen genau wie das Fell der Säuger aus Keratin und dienen nicht nur der Wärmeisolation und dem Schutz vor Nässe und Verletzungen, sondern haben weiterhin die Funktion, den Körper stromlinienförmig zu machen und die für die Erzeugung des Auftriebs und für die Lenkung des Fluges nötigen Oberflächen an Schwanz und Flügeln zu stellen. Federn haben gegenüber den Flughäuten der Fledermäuse oder Flugsaurier den Vorteil, daß sie den möglichen Scha-

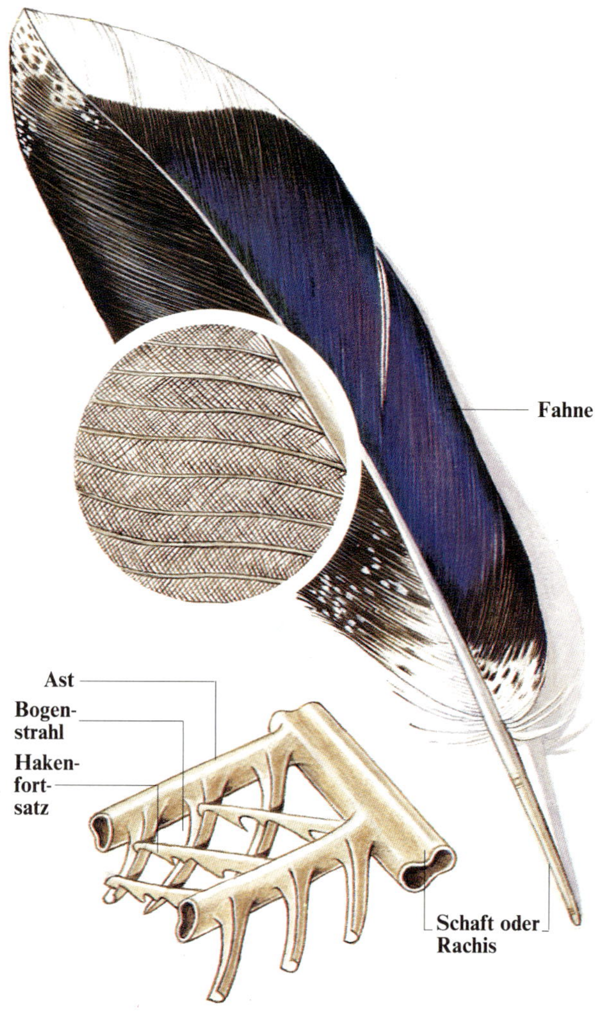

Die Struktur der Feder

Die Fahne einer Schwungfeder besteht aus vielen Reihen von Ästen beiderseits des zentralen Schafts, den man auch als Rachis bezeichnet. Jeder Ast ist mit Hunderten von Bogenstrahlen versehen, die sich überlappen. Kleine Hakenfortsätze stellen feste, aber bewegliche Verbindungen zwischen den Bogenstrahlen her.

Oben: Eine Taubenfeder, die die parallelen Äste (Rami) gut erkennen läßt. Diese sind durch Bogenstrahlen in einem überlappenden Fischgrätenmuster verbunden, wobei eine nahezu windundurchlässige Struktur entsteht.

Unten: Äste, die nicht durch Bogenstrahlen und Hakenfortsätze verbunden sind, erzeugen einen ausgefransten Rand an den führenden Kanten der Schwungfedern der Eulen, wodurch der Flügelschlag geräuschlos wird.

den am Flügel gering halten. Ein Riß in einer Flügelhaut ist fatal, aber ein Riß in einer Feder kann durch Putzen des Gefieders repariert werden.

Die Flügel- und Schwanzfedern, die für den Flug wichtig sind, werden manchmal auch Fahnenfedern genannt. Sie bestehen aus einem zentralen Schaft (Rachis) mit Gewebe zu beiden Seiten, welches die flache Fahne bildet. Die Fahne besteht aus Hunderten von Ästen (Rami). Jeder Ramus wird durch Hunderte von Bogenstrahlen mit den Nachbarrami verbunden. Die Bogenstrahlen überlappen sich wie bei einem Fischgrätenmuster und werden durch kleine Häkchen zusammengehalten. Die Millionen von Häkchen geben der Fahne ihre Stabilität und bewirken weiterhin, daß sie flexibel ist, weil die Bogenstrahlen übereinander gleiten können.

Die Feinstruktur der Fahne macht sie wasser- und annähernd windfest. Dies bedeutet, daß eine einfache Lage sich überlappender Federn eine sehr leichte aber dennoch recht leistungsfähige Flügeloberfläche schafft. Experimente haben gezeigt, daß die rauhe und regelmäßige Struktur der Fahnen einen besseren Auftrieb liefert als z. B. die glatte Haut eines Fledermausflügels.

Wenn ein Vogel dicht an einem vorbeifliegt, kann man das Geräusch des Flügelschlags hören. Eine Schar von Sperlingen erzeugt ein lautes Rauschen, und eine Schar von Staren macht schon deutlichen Lärm. Das ständige Geräusch beim Fliegen scheint sich nicht negativ auf die Vögel auszuwirken, sonst hätten mehr Vögel die gedämpften Schwungfedern, wie sie bei Eulen vorkommen, erfunden. Die Äste der Handschwingen sind bei den Eulen an den Seiten und auf der Oberfläche nicht verhakt. Sie sind verlängert, so daß dort eine flaumartige, weiche Schalldämpfungsschicht ausgebildet ist und die Federn weiche ausgefranste Ränder besitzen. Dadurch ist eine gleitende Eule nicht nur wesentlich leiser, sondern das Geräusch, das sie beim Fliegen erzeugt, ist von so niedriger Frequenz, daß gerade kleine Säuger und Vögel es nicht hören. Der Nachteil ist, daß die Flügel mehr Widerstand erzeugen und das Fliegen daher mehr Kraft erfordert. Tagaktive Eulen, die nicht so sehr auf Heimlichkeit angewiesen sind, haben normale Federn.

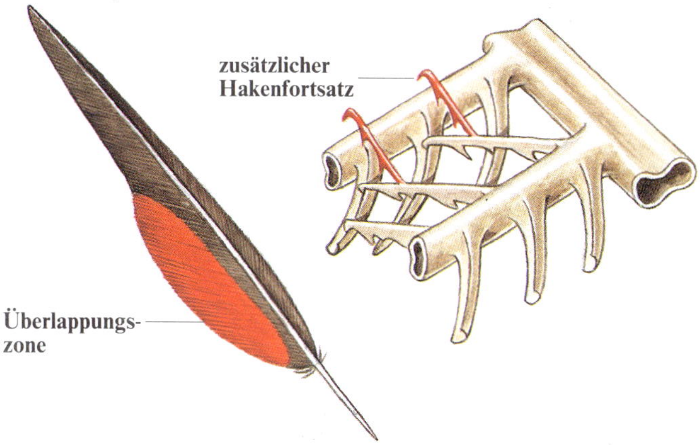

Die Schwungfedern haben Überlappungszonen, in denen die Bogenstrahlen mit zusätzlichen Hakenfortsätzen versehen sind, die auf den Nachbarfedern einhaken. Auf diese Weise entsteht eine geschlossene Tragfläche.

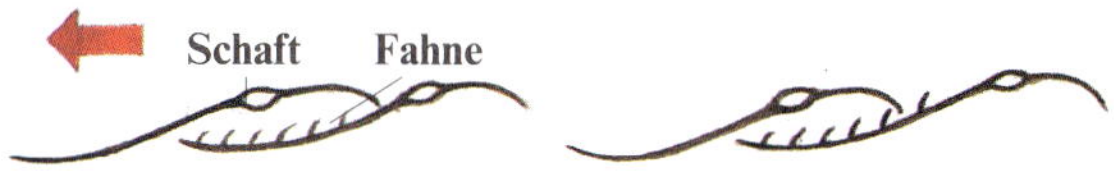

Gleitflug

Ein gleitender Vogel nutzt den Zug der Schwerkraft als Vortrieb (so wie ein Radfahrer, ohne zu treten, abwärts fährt), um dem nach hinten ziehenden Widerstand entgegen zu wirken und sich selbst vorwärts zu bewegen. Hierbei zerschneidet er mit seinen Flügeln die Luft, wobei er genügend Geschwindigkeit haben muß, um den nötigen Auftrieb, der ihn in der Luft hält, zu erzeugen. Wenn kein Widerstand da wäre, könnte der Vogel gleiten, ohne an Höhe zu verlieren. Aber in der Praxis wird er durch den Widerstand zurückgehalten, so daß er allmählich absinkt. Um den Gleitflug so lang wie möglich zu machen, wird der Vogel bestrebt sein, den Gleitwinkel und damit auch die Absinkgeschwindigkeit (Höhenverlustrate) zu minimieren. Der Gleitwinkel befindet sich zwischen der Horizontalen und der Flugrichtung des gleitenden Vogels. Der Vogel stellt nun seine Flügel mit dem Anstellwinkel auf, der das beste Auftrieb-Widerstands-Verhältnis liefert. Eine geringe Fluggeschwindigkeit reduziert den Widerstand und verbessert somit das Auftrieb-Widerstands-Verhältnis. Trotzdem muß der Vogel schnell genug gleiten, so daß der Luftstrom an seinen Flügeln nicht abreißt.

Ein Vogel kann im Gegensatz zum Flugzeug den Umriß seiner Flügel verändern, um die aerodynamischen Eigenschaften den jeweiligen Situationen anzupassen. Die variable Geometrie des Vogelflügels ermöglicht dem Vogel eine sehr gute Kontrolle über den Gleitflug, da er permanent das günstigste Auftrieb-Widerstands-Verhältnis und den kleinsten Gleitwinkel auch bei verschiedenen Geschwindigkeiten einhalten kann. Ein Pilot, der einen Gleitflug anstrebt, kann nicht mehr machen, als die Spitze seines Flugzeuges anzuheben oder abzusenken, wodurch er den Gleitwinkel ändert und die Geschwindigkeit variiert. Ein Vogel hingegen kann seine Flügel in voller Länge ausbreiten, um die Tragfläche zu vergrößern. Auf diese Weise reduziert er die Flächenbelastung und kann

Unten: Ein Weißkopfseeadler im Sturzflug. Die Handschwingen sind eingefaltet, um den Widerstand der Flügelfläche zu reduzieren und den Auftrieb zu verringern.

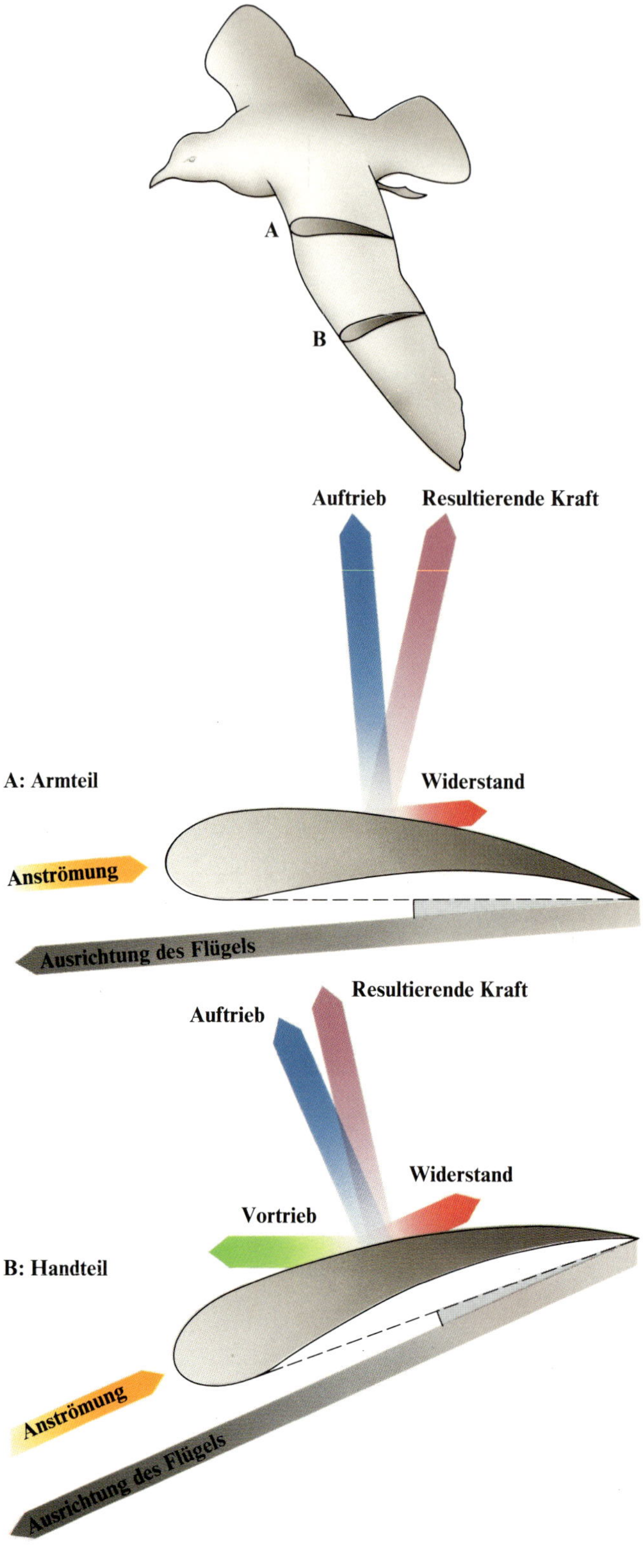

Oben: Die flexible Konstruktion eines Vogelflügels hat einige Vorteile gegenüber dem starren Flugzeugflügel. Der Anstellwinkel kann über die ganze Länge des Flügels variiert werden, um den optimalen Auftrieb und Vortrieb zu erhalten. In diesem Beispiel erzeugt der starre innere Flügel hauptsächlich Auftrieb, aber der äußere Flügel wird beim Abschlag gedreht und nach unten abgewinkelt, so daß die Kraft, die er produziert, nach vorn gerichtet ist, um den Vogel durch die Luft zu ziehen.

Um langsamer zu fliegen und die Kontrolle über den Flug beim Gleiten zu behalten, spreizt der Dunkelalbatros seinen Schwanz und läßt seine Füße wie Luftbremsen herab.

dann langsamer gleiten. Das Einziehen der Flügel hat den gegenteiligen Effekt. Eine Taube gleitet langsam bei 30 km/h. Dabei hat sie ihre Flügel vollständig ausgestreckt, und die maximale Flügelfläche ist erreicht. Um schneller zu werden, faltet sie ihre Flügel mehr und mehr ein, und zwar im Bereich des Handgelenks, so daß die Handschwingen übereinanderliegen und damit die Flügelfläche um die Hälfte reduziert wird. Die Gleitgeschwindigkeit wird dabei auf 80 km/h erhöht. An Wintertagen sehe ich diesem Schauspiel oft zu, wenn eine große Schar von Ringeltauben zu ihrem Schlafplatz im nahegelegenen Wald zurückkehrt. Die Tauben fliegen auf einer beachtlichen Höhe heran und beginnen dann mit einem rapiden kaleidoskopischen Abstieg, bei dem einzelne Individuen mit zusammengefalteten Flügeln hinunterfallen, dann das Tempo drosseln, mit weit ausgestreckten Flügeln in einem Bogen gleiten und schließlich wieder hinunterfallen, bis sie auf der Höhe der Baumkronen sind.
Langflügelige Vögel gleiten sehr gut, wenn ihr Körper leicht nach oben geneigt ist, so daß sie einen kleinen Gleitwinkel haben, wobei sie das Abreißen der Luftströmung vermeiden, indem sie ihre Flügel verdrehen, so daß der Anstellwinkel klein wird. Weiterhin kann der Anstellwinkel an verschiedenen Stellen des Flügels unterschiedlich groß sein. Ein langsam gleitender Vogel kann den Armteil mit hohem Anstellwinkel halten und gleichzeitig den Handteil des Flügels verdrehen, so daß dieser horizontal steht oder sogar abwärts gebogen ist. Die Elastizität der Federn macht es ebenfalls möglich, daß der Flügel seinen Umriß automatisch ändert, um Veränderungen im Luftstrom zu kompensieren. Das Resultat ist, daß Vögel mit einer Geschwindigkeit gleiten können, die zu langsam wäre, um sie in der Luft zu tragen, wenn sie die unflexiblen Flügel eines Flugzeugs hätten.
Neben dieser variablen Geometrie der Flügelstruktur haben die Vögel mehrere Tricks, um die Effizienz ihrer aerodynamischen Eigenschaften zu erhöhen. Der rudimentäre Daumen oder auch Vorflügel (Daumenfittich, Alula) ist kein nutzloses verkümmertes Organ, sondern ist dazu umgebildet worden, den Abriß der Luftströmung vom Flügel bei geringer Fluggeschwindigkeit zu verhindern. Ein Absacken erfolgt dann, wenn der Anstellwinkel zu groß wird und die Luftströmung über dem Flügel abreißt und turbulent wird. Der Vorflügel

Links: Ein ungewöhnlich großer Vorflügel verbessert die aerodynamischen Eigenschaften des Turmfalken bei sehr geringen Fluggeschwindigkeiten, während (oben) die sich hebenden Federn auf der vorderen Flügelkante dieses Eissturmvogels zeigen, daß der Luftstrom abreißt.

Der Vorflügel

Wie Klappen eines Flugzeugflügels verringert auch der Vorflügel des Vogels die Gefahr, daß der Luftstrom über der Tragfläche bei größeren Anstellwinkeln turbulent wird und abreißt. Die Flügelklappe sorgt dafür, daß Luft durch einen Spalt gesogen wird, um den laminaren Luftstrom wiederherzustellen.

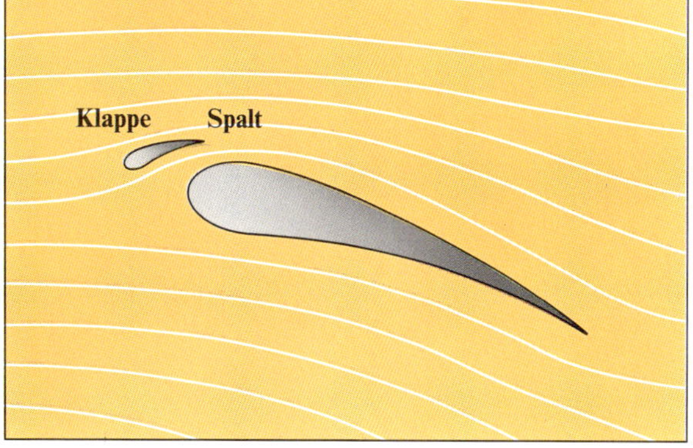

wirkt wie eine Düse und läßt einen separaten Luftstrom mit hoher Geschwindigkeit über der Flügeloberseite entlangstreichen. Dieser Luftstrom sorgt dafür, daß die Strömung nicht abreißt und keine Turbulenzen auftreten. Der Anstellwinkel des Hauptflügels kann dann vergrößert werden, um somit größeren Auftrieb bei relativ geringer Geschwindigkeit zu erzeugen. Der Vogel kann somit langsamer fliegen, ohne Gefahr zu laufen, daß der Luftstrom abreißt. Das genialste an diesem Vorflügel ist, daß er automatisch eingesetzt wird. Ein hoher Anstellwinkel erzeugt niedrigen Luftdruck auf der Vorderkante des Flügels, wodurch ein Sog entsteht, der dafür sorgt, daß der Vorflügel ausgebreitet wird.

Spalten an den Seiten der Tragflächen bilden die Grundlage für einen weiteren Mechanismus, der in Aktion treten kann, wenn man langsam fliegt. Die Fahnen der Handschwingen vieler Vögel sind zum äußeren Ende hin verschmälert. Diese bezeichnen die Ornithologen als freie Handschwingen. Wenn sich der Flügel ausbreitet, trennen sich die Flügelenden in „Finger" auf, mit V-förmigen Lücken zwischen den einzelnen freien Handschwingen. Es hat bereits mehrere Theorien über die Funktion dieser Finger gegeben, aber es ist immer noch nicht ganz klar, wie sie eigentlich arbeiten. Möglicherweise haben sie mehr als eine Funktion. Es ist jedoch unbestreitbar, daß Vögel, die sehr viele Lücken zwischen den Handschwingen haben, meist auch kurze abgerundete Flügel besitzen, wohingegen bei Vögeln mit langen, spitz zulaufenden Flügeln, wie Falken, Watvögel oder Enten, nur ein einziger Spalt zwischen den Handschwingen sein kann.

Es wurde bereits erwähnt, daß ein langer, spitz ausgezogener Flügel wenig induzierten Widerstand produziert. Aber aus mehreren Gründen ist dieser Bauplan nicht immer der günstigste. Die Spaltflügel sind ein Charakteristikum großer Vögel, wie Geier, Pelikane und Kraniche, die breite Flügel mit einer niedrigen Flügelstreckung haben. Dies sind normalerweise Arten, die mit einer geringen Geschwindigkeit fliegen oder gleiten und sich trotzdem keine längeren Flügel erlauben können, weil diese das Abheben vom Boden behindern würden. Eine weitere Gruppe (inklusive der Fasanen) sind die Waldvögel, die durch lange Flügel behindert würden, die aber trotzdem viel Kraft brauchen, weil sie mit geringer Geschwindigkeit abheben müssen.

Eine Erklärung wäre, daß jede freie Handschwinge wie eine unabhängige Tragfläche oder ein „Flügelchen" fungiert, das sich im Luftstrom hin und her bewegt. Weil der hintere Teil jeder Handschwinge größer ist als der Teil vor dem Schaft, richtet sich die Feder passiv im Luftstrom aus, und zwar so, daß ihr Anstellwinkel möglichst klein wird. Wenn der Anstellwinkel des Hauptflügels den Punkt, an dem der Luftstrom abreißt, erreicht, behalten die kleinen Flügel der einzelnen Handschwingen einen besseren Anstellwinkel und somit auch den Auftrieb. Eine weitere Erklärung ist, daß diese Spalten dazu dienen, den induzierten Widerstand zu reduzieren. Dies würde die Sinkrate beim Gleiten verringern und die Zeitspanne zwischen zwei Flügelschlägen, die unentbehrlich sind, um die Höhe zu halten, vergrößern.

Oben: Ein Weißkopfseeadler gleitet langsam, indem er seine Flügel voll ausstreckt. Die Handschwingen trennen sich dabei zu einzelnen „Fingern" auf, die sich im Luftstrom drehen und wenden, um die Flügel bei niedriger Fluggeschwindigkeit effektiver zu machen.

Unten: Freie Handschwingen können wie viele einzelne Flügelchen fungieren, um das Abreißen des Luftstroms zu verhindern. Ein hoher Anstellwinkel des Hauptflügels, z. B. wenn ein Vogel landet, verursacht ein Abreißen des Luftstroms, aber die freien Handschwingen drehen sich im Luftstrom, wodurch sie ihren Anstellwinkel verkleinern und somit den Auftrieb und Vortrieb aufrechthalten.

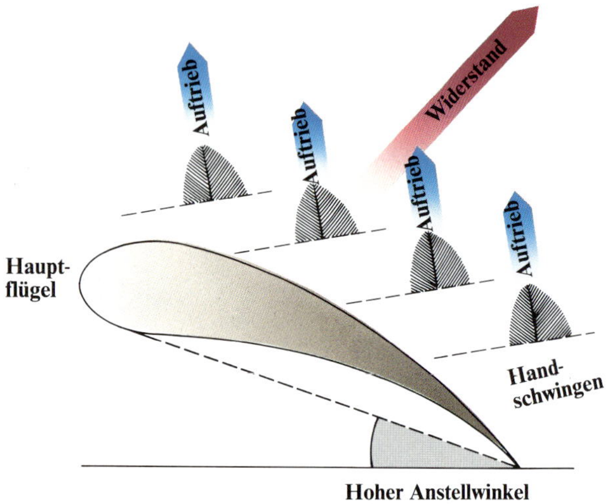

Die Funktion des Schwanzes

Vögel, die den Schwanz verloren haben, sind immer noch in der Lage, recht gut zu fliegen. Trotzdem hat der Schwanz eine wichtige Funktion bei der Kontrolle des Fluges, vor allem beim Bremsen und Steuern. Der ausgebreitete Schwanz fungiert weiterhin als eine zusätzliche hebende Oberfläche und reduziert die Gesamtflächenbelastung. Hierdurch unterstützt er den langsamen Flug. Die Flächenbelastung bei Greifvögeln wird um etwa 20% reduziert, wenn der Schwanz ausgebreitet ist. Trotzdem besteht die Hauptfunktion des Schwanzes bei den meisten Vögeln wahrscheinlich darin, den Luftstrom über den Flügeln bei langsamer Geschv
Der ausgebreitete Schwanz stellt
geln dar, durch die die Luft von d
Flügel angesogen wird, so daß d
stellwinkeln, wie sie beim Abhel
wenn die Schwänze der Vögel am
nicht turbulent wird. Fregattvögel
ben, die langsam fliegen, aber ei
ben und keine Spaltflügel besitze
ze, welche sie ausbreiten, um be
die Auftriebserzeugung zu unterst

Eine Schnee-Eule hebt ab, wobei ihr Schwanz weit gespreizt ist und die Flügel etwas überlappt. Der Schwanz fungiert wie die Klappen eines Flugzeuges. Er vergrößert die Auftrieb produzierende Fläche und verbessert somit den Luftstrom über den Flügeln.

Der Schlagflug

Um fliegen zu können, muß eine Kraft vorhanden sein, die den Vortrieb gewährleistet. Diese Kraft muß groß genug sein, um den Widerstand zu überwinden und den Vogel auf einem geraden und horizontalen Kurs zu halten. Alle echten fliegenden Tiere haben dies durch den Schlagflug erreicht, der sowohl Vortrieb als auch Auftrieb liefert.
Durch den Einsatz der Hochgeschwindigkeitsfotografie und des Zeitlupenfilms konnten die sorgfältig herausgearbeiteten Bewegungssequenzen des Schlagflugs dargestellt werden, und es wurde möglich, die Funktionen der verschiedenen Teile des Flügels und jedes einzelne Stadium des Flügelschlagzyklus' zu analysieren. Die folgende Beschreibung des Schlagfluges ist nur eine Annäherung an die präzise Form und Funktion des Flügelschlagzyklus', dessen Details nicht nur sehr komplex sind, sondern weiterhin bei den verschiedenen Arten mehr oder weniger stark variieren.
Eine Möwe, die konstant mit 40 km/h fliegt, stellt ein gutes Beispiel zur Erklärung des Flügelschlagzyklus' im schnellen Flug dar. Zu Beginn des Abschlags sind die Flügel vollständig ausgebreitet und bilden einen Winkel von 30° zur Horizontalen. Sie schlagen vertikal nach unten, und die Vorwärtsbewegung des Vogels erzeugt einen Auftrieb auf der gesamten Länge des Flügels. Am Ende des Abschlags, welches bei der Möwe nicht weit unter der Horizontalen liegt, werden die Flügel leicht zusammengefaltet, und die Handschwingen schließen sich wie ein Fächer. Es gibt keinen Vortrieb beim Aufschlag, wie das Fehlen einer Wölbung der Handschwingen zeigt. Aber bei größeren Vögeln wirkt die innere Flügelfläche weiterhin wie eine Tragfläche, um so den Auftrieb zu erhalten. Am Ende des Aufschlages erzeugen die Handschwingen einen leichten Auftrieb, der dazu dient, den Flügel anzuheben und auszubreiten.
Eine Schwierigkeit, die Interaktionen zwischen Flügel und Luftstrom sichtbar zu machen, ist, daß die Bilder die Flügelbewegung in Beziehung zum Vogelkörper zeigen, aber der wichtige Punkt ist ihre Bewegung in bezug zum Luftstrom. Wenn der Vogel seine Flügel relativ zu seinem Körper auf und nieder schlägt, dann schneiden diese durch die Luft und treffen dabei mit der Vorderkante auf den Luftstrom. Dieser wichtige Punkt wurde zuerst von Etienne-Jules Marey in den 1860er Jahren demonstriert. Er fotografierte Krähen, denen man Streifen weißen Papiers auf die Flügelspitzen geklebt hatte. So zeigte er, daß sich die Flügel beim Abschlag schräg nach vorne und beim Aufschlag schräg nach hinten bewegen. Auf diese Weise wurde ersichtlich, daß sich die Vögel eher durch die Luft ziehen, als sich durch die Luft zu schieben.

Ein Schwarm von Aztekenmöwen, die mühelos den Strand entlangfliegen und alle Stadien des Flügelschlagzyklus' demonstrieren.

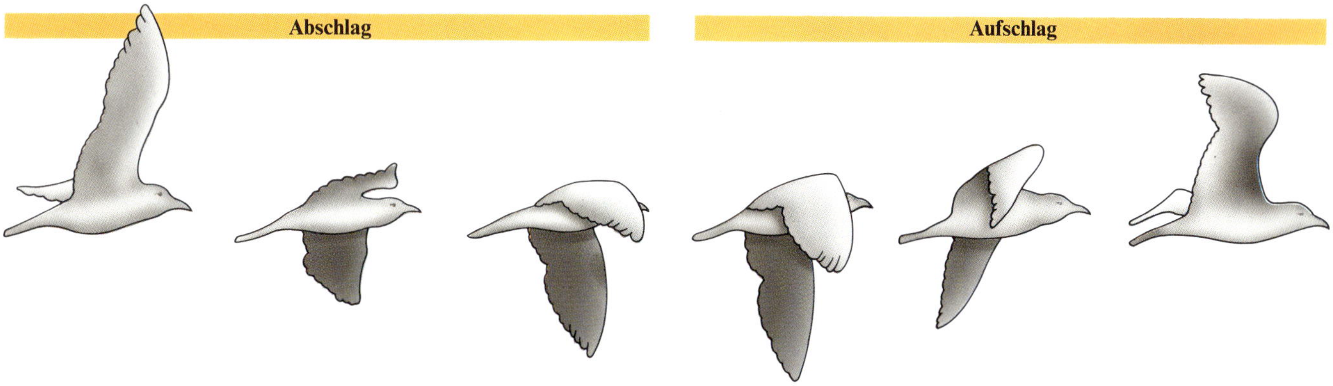

Oben: Der Flügelschlagzyklus einer Möwe im konstanten Flug. Der Hauptauftrieb und -vortrieb wird beim Abschlag erzeugt. Die Flügel werden beim Aufschlag leicht zusammengefaltet und in die Ausgangsposition für den nächsten Abschlag gebracht, wobei ein wenig Auftrieb erzeugt wird.

Unten: Eine mehrfach belichtete Fotografie, die drei verschiedene Stadien des Flügelschlagzyklus' der Tannenmeise demonstriert. Zunächst sind die Flügel beim Aufschlag teilweise zusammengefaltet. Beim zweiten Bild sind die Flügel kurz vor dem Zusammenfalten zu Beginn des nächsten Aufschlages. Das letzte Bild zeigt, wie die Flügel beim Abschlag nach vorne gebracht werden.

Eine weitere Schwierigkeit besteht darin, daß der Vogelflügel aus zwei Teilen zusammengesetzt ist, welche verschiedene Funktionen im Flügelschlagzyklus haben. Der innere Flügel, der von der Schulter zum Handgelenk geht und die sekundären und tertiären Schwungfedern trägt, ist relativ starr, während der äußere Teil, der das Handgelenk und die Finger umfaßt, die die primären Schwungfedern tragen, beachtlichen Formveränderungen unterliegt, wie viele der Fotografien auf diesen Seiten zeigen. Der innere Flügel schlägt auf und ab, und der Luftstrom über ihm kommt durch die Bewegung des Vogels durch die Luft zustande. Die resultierende Kraft liegt nahe der Vertikalen, so daß der innere Flügel hauptsächlich Auftrieb, aber wenig Vortrieb erzeugt. Der äußere Flügel wird mehr durch den eigenen Schlag von Luft umströmt. Dieser Schlagwind kommt von unten. Zusammen mit dem Fahrt-

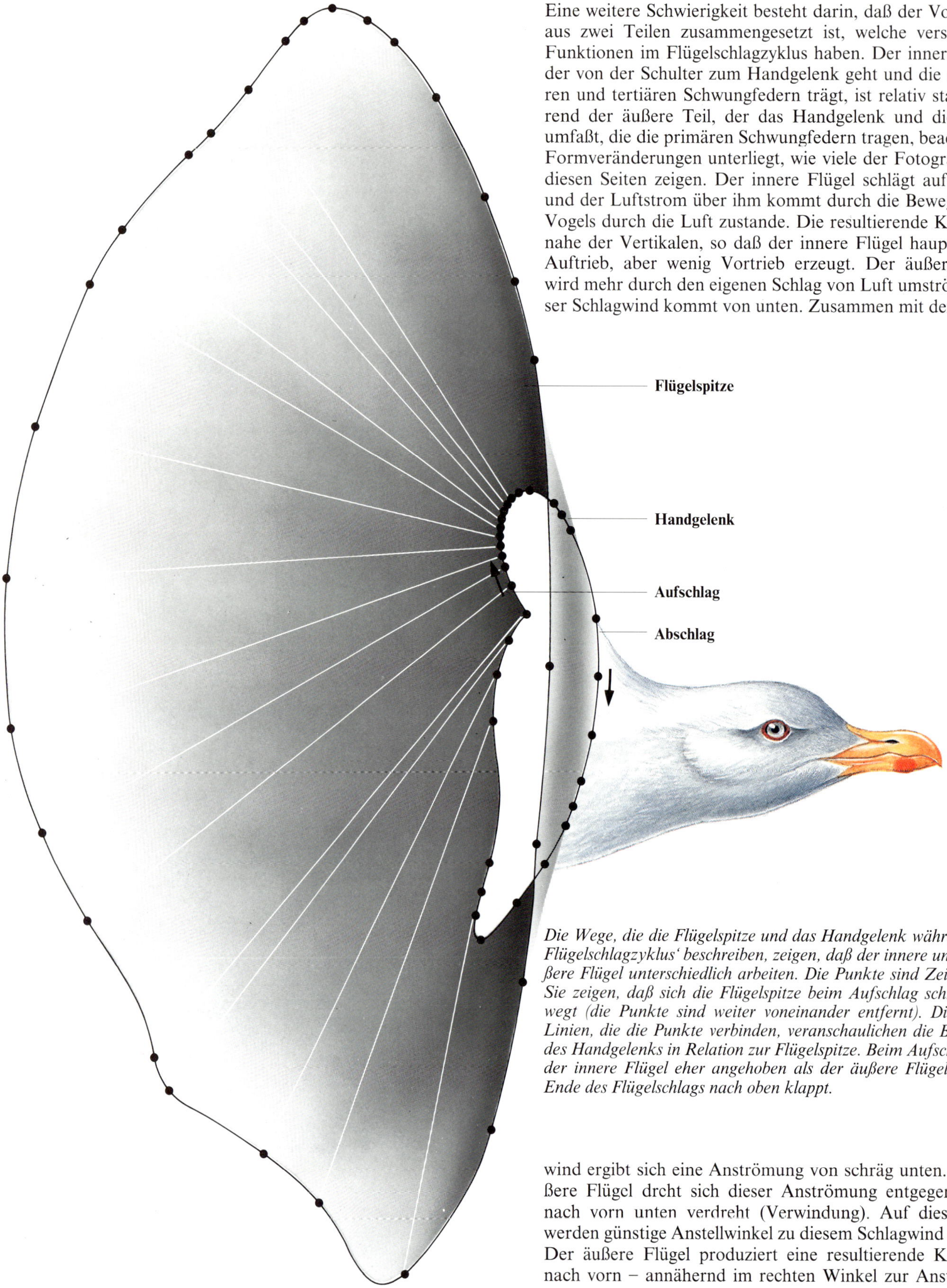

Die Wege, die die Flügelspitze und das Handgelenk während eines Flügelschlagzyklus' beschreiben, zeigen, daß der innere und der äußere Flügel unterschiedlich arbeiten. Die Punkte sind Zeitmarken. Sie zeigen, daß sich die Flügelspitze beim Aufschlag schneller bewegt (die Punkte sind weiter voneinander entfernt). Die weißen Linien, die die Punkte verbinden, veranschaulichen die Bewegung des Handgelenks in Relation zur Flügelspitze. Beim Aufschlag wird der innere Flügel eher angehoben als der äußere Flügel, der am Ende des Flügelschlags nach oben klappt.

wind ergibt sich eine Anströmung von schräg unten. Der äußere Flügel dreht sich dieser Anströmung entgegen. Er ist nach vorn unten verdreht (Verwindung). Auf diese Weise werden günstige Anstellwinkel zu diesem Schlagwind erreicht. Der äußere Flügel produziert eine resultierende Kraft, die nach vorn – annähernd im rechten Winkel zur Anströmung von schräg unten – gerichtet ist, um den größten Teil des Vortriebs zu liefern.

Flügelschläge pro Sekunde

Der Flügelschlag ist variabel in Abhängigkeit von Fluggeschwindigkeit und Gewicht des Vogels, und es ist schwierig, die Flügelschlagfrequenz zu messen. Die folgenden Zahlen geben ein Bild davon, wie weit die Flügelschlagfrequenzen verschiedener Arten voneinander abweichen.

Graureiher	2
Silbermöwe	2,8
Star	5,1
Fasan	9
Spottdrossel	14
Meisen	25–27
Rubinkehlkolibri	80

Oben: Aufschlag – die inneren Flügel werden angehoben, und die Handschwingen der Zwergohreule werden am Ende des Aufschlags in eine horizontale Lage gebracht.

Links: Abschlag – die Handschwingen eines Grünspechts biegen sich zu Beginn des Abschlages nach oben.

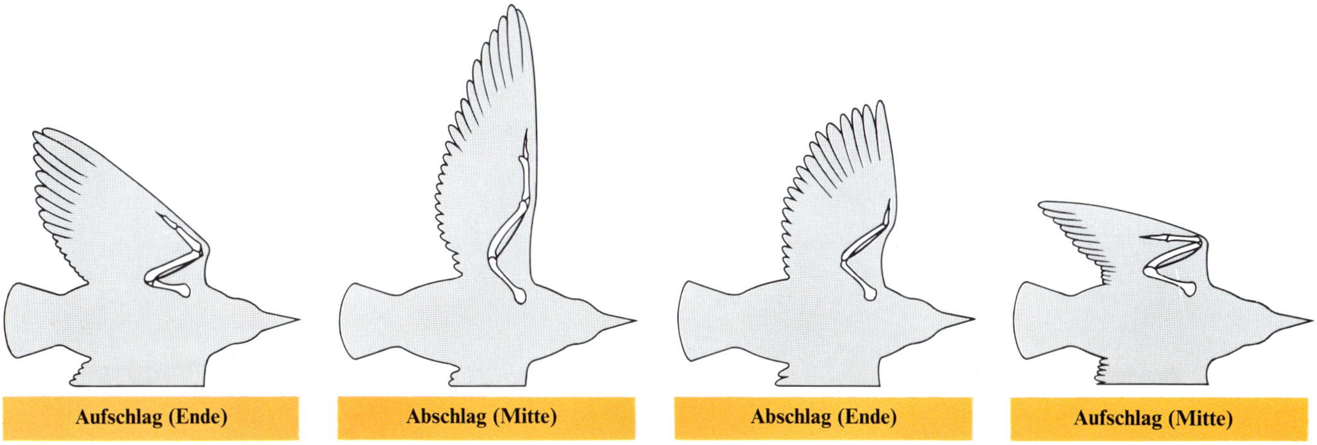

Oben: Zeichnungen nach Röntgenbildern von Staren, die in einem Windkanal fliegen, zeigen die Bewegungen der Flügelknochen. Der Flügel wird beim Abschlag gestreckt und ausgebreitet, um die Auftrieb und Vortrieb produzierende Fläche zu maximieren. Beim Aufschlag wird er zum Teil zusammengefaltet, und die Schwungfedern schließen sich wie ein Fächer, um den Widerstand zu reduzieren, während der Flügel für den nächsten Abschlag erneut angehoben wird.

Die Kraft zum Fliegen

Die Zoologen berechnen die Energie-Budgets der Tiere mit Einkommen und Ausgaben, die in Joule gemessen werden. Das Energieeinkommen eines Tieres stammt aus dem Futter, das es frißt, mit einem kleinen Zusatz von Sonnenenergie, und es wird bei den täglichen Aktivitäten wie Fortbewegung, Futtersuche und Jungenaufzucht, sowie im Erhalten der Lebensfunktionen, wie Herzschlag, Atmung und Verdauung verbraucht. Ein Tier kann nur dann überleben, wenn es ein positives Energie-Budget aufrechthält. Je mehr Energiereserven ein Tier hat, um so mehr kann es auch in Wachstum und Reproduktion investieren.

Der Flug braucht soviel Energie, daß die Kosten dieser Fortbewegungsweise entscheidend sind für den Energiehaushalt des Vogels und einen sehr bedeutenden Faktor für die Art der Lebensweise des Vogels darstellen. Obschon der Flug den Vögeln enorme Vorteile bringt, gibt es auch einige Nachteile, was sich z. B. darin äußert, daß über 40 Vogelarten das Fliegen gänzlich aufgegeben haben (so wie der Riesenalk, Dronte und andere, die bereits seit einiger Zeit ausgestorben sind) und weitere Arten wie viele Hühnervögel und Rallen nur relativ selten fliegen. Die Menschen mögen zwar die Vögel um ihre Freiheit beneiden, aber man sollte daran denken, daß der Flug auch ein Handicap sein kann.

Wenn man die Rolle des Fluges im Leben des Vogels betrachtet, dann ist es sinnvoll, auch an den Energieverbrauch zu denken, der für diese Fortbewegungsweise nötig ist. Hierbei gilt folgendes: Vögel fliegen nicht, wenn sie nicht müssen. Wenn ein Star im Garten am Boden sitzt und sieht, daß eine Brotrinde aus der Küchentür herausgeworfen wird, so hat er die Wahl, diese im Flug oder im Gehen zu erreichen. Das Gehen kostet weniger Anstrengung, aber wenn andere Stare in der Nähe sind, wird es ein Wettrennen um dieses Futter geben. Die Geschwindigkeit ist daher von großer Bedeutung für den Star im Garten. Die Energiebalance kann nur bei triftigen Gründen außer acht gelassen werden. Vögel gehen in erster Linie dann eine Energieschuld ein, wenn es um das Erreichen einer Nahrungsquelle oder um die Flucht vor Beutegreifern geht. Die Notwendigkeit, Junge aufzuziehen, kann bei einigen Vögeln ebenfalls zu Gewichtsverlusten während der Zeit, in der sie die Jungen mit Futter versorgen, führen.

Der Schlagflug ist eine der anstrengendsten Aktivitäten im Tierreich und bedarf einer kontinuierlichen Krafterzeugung an den Flügeln, möglicherweise über viele Stunden wie bei der Wanderung. Die Menge an Kraft, die die Flugmuskeln produzieren können, ist proportional zum Muskelquerschnitt. Soll die Krafterzeugung verdoppelt werden, muß auch die Querschnittsfläche verdoppelt werden. Das Gewicht des Muskels vergrößert sich dann aber nicht nur zweifach sondern dreifach, da es vom Volumen abhängig ist. Dies bedeutet, daß der Flug für schwere Vögel anstrengender ist als für leichte Vögel und daß es für einen fliegenden Vogel ein oberes Gewichtslimit gibt, welches bei 10 bis 15 kg zu liegen scheint. Vögel, die diesem Limit am nächsten kommen, sind der Hökkerschwan, der Rosapelikan, der Kalifornische Kondor und die Riesentrappe. Diese Arten haben wenig Kraftreserven, die sie zusätzlich zu der beim konstanten Flug benötigten Kraft aufwenden können, und deshalb haben sie Schwierigkeiten beim Starten. Ihnen mangelt es außerdem an Manövrierfähigkeit, weshalb Schwäne oft mit Stromleitungen kollidieren. Es erscheint uns als relativ einfach, unter den Kabeln entlang zu gleiten, aber die Schwäne versuchen verzweifelt, an Höhe zu gewinnen, um das Hindernis zu überwinden.

Unten: Die Riesentrappe, einer der schwersten flugfähigen Vögel, kann nur mit großer Anstrengung abheben und fliegen.

Kraft und Geschwindigkeit

Die Energie oder in anderen Worten der Treibstoffverbrauch, der beim Fliegen benötigt wird, spielt eine so wesentliche Rolle im Leben der Vögel, daß es sich lohnt, die zugrundeliegenden Kraftaufwendungen zu betrachten, indem man das Verhältnis von Krafterzeugung und Fluggeschwindigkeit untersucht.

Die Grafik veranschaulicht die Beziehung zwischen Kraft und Geschwindigkeit. Wenn ein Vogel auf der Stelle oder langsam fliegt, benötigt er viel durch Flügelschlagen erzeugte Luftkraft (vor allem Auftrieb), um sich in der Luft zu halten. Da die Flügel immer wieder neu beschleunigt werden müssen, kostet das viel Energie. Beim Flug auf der Stelle fehlt die Fluggeschwindigkeit, die Auftrieb durch den über den Flügeln entlanggehenden Luftstrom erzeugen könnte. Wenn sich die Fluggeschwindigkeit des Vogels vergrößert, wird durch den Fahrtwind, der um den Flügel strömt, mehr Auftrieb erzeugt. Dann wird weniger Energie durch Flügelschlagen gebraucht, um das Vogelgewicht in der Luft zu tragen. Beim Flug auf der Stelle gibt es keinen Rumpfwiderstand. Wenn die Fluggeschwindigkeit ansteigt, baut sich Rumpfwiderstand auf und muß durch Kraftaufwendung überwunden werden. Eine weitere Kraft wird benötigt, um die Widerstände zu überwinden, die sich am schlagenden Flügel bilden (durch sich ablösende Wirbel z. B.). Die Gesamtkraft, die für das Fliegen bei verschiedenen Geschwindigkeiten notwendig ist, setzt sich nun jeweils aus diesen drei Teilkräften zusammen, wie im Kraft-Geschwindigkeits-Diagramm zu sehen ist.

Die genaue Form der Kraft-Geschwindigkeits-Kurve ist bei den einzelnen Vogelarten verschieden und hängt von den individuellen Ausprägungen des Gewichts, der Flügelform, des Flügelschlagmusters und der Muskelmasse ab. Die Kraft-Geschwindigkeits-Kurve kann nun benutzt werden, um die Beziehungen zwischen Körperabmessungen und -formen und dem jeweiligen Flugstil eines Vogels zu erklären. Schnell fliegende Enten und Watvögel besitzen schmale Flügel und erzeugen damit verhältnismäßig wenig Widerstand. Ihre gute Stromlinienform hält darüber hinaus den Rumpfwiderstand gering. Das Resultat ist eine flache U-förmige Kurve, die zeigt, daß diese Vögel bei ihren täglichen Ausflügen zu den Nahrungsquellen zwar schnell, aber auch ökonomisch fliegen. Kurze breite, an den Spitzen aufgefingerte Flügel sind dazu geeignet, mit hohem Kraftaufwand bei geringer Geschwindigkeit zu fliegen. Ein Beispiel hierfür ist die Katzendrossel aus Nordamerika, die ihren Name aufgrund ihres miauenden Rufes erhielt. Sie lebt in Dickichten, wo sie kurze, langsame und kraftaufwendige Flüge im Gewirr der Vegetation unternimmt.

Wie viele Vögel, die unter Wasser schwimmen, hat die Königsscharbe aus Südamerika kleine Flügel, die jedoch bei geringer Geschwindigkeit eine hohe Kraftproduktion gewährleisten.

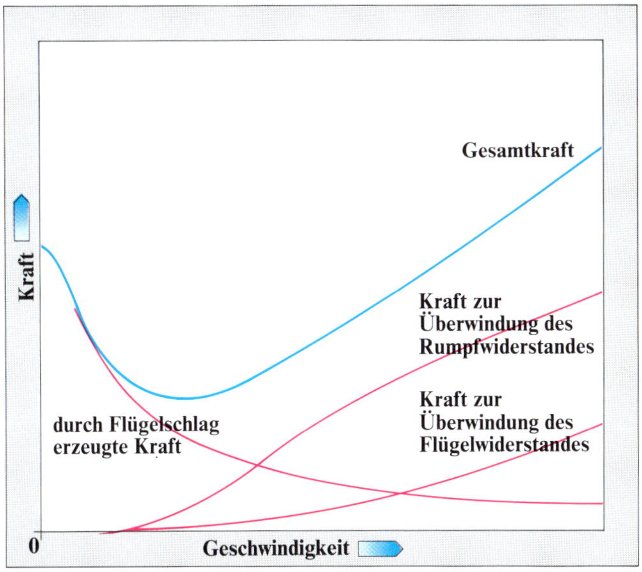

Der Bedarf an Kraft bei steigender Fluggeschwindigkeit. Beim Langsamflug erzeugt der Vogel den gesamten Auftrieb durch seinen Flügelschlag selbst. Beim schnelleren Flug liefert der Fahrtwind zusätzlichen Auftrieb, aber der Widerstand an Rumpf und Flügeln nimmt dann ebenfalls zu.

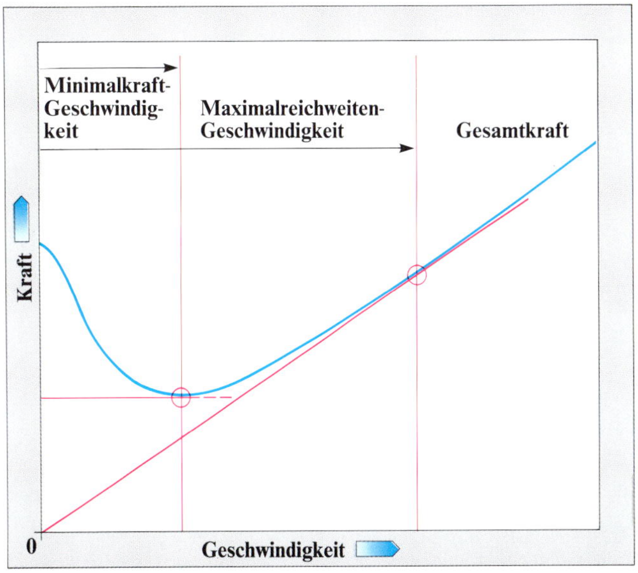

Der Flug eines Vogels ist zwischen der Minimalkraft-Geschwindigkeit und der Maximalreichweiten-Geschwindigkeit am ökonomischsten. Wo dieser Bereich liegt, hängt vom Körperbau ab. Es gibt eine Geschwindigkeit, bei der die Kraftaufwendung minimal ist; aber absolute Sparsamkeit ist nicht immer die beste Strategie.

Welche Geschwindigkeit braucht man zum Fliegen?

Langsames Fliegen, wie beim Abheben oder Landen, ist anstrengend aufgrund der hohen Kraftaufwendung, die für das heftige Flügelschlagen benötigt wird, da der Fahrtwind fehlt. Sehr schnelles Fliegen ist ebenfalls anstrengend, weil Widerstand am Rumpf und an den Flügeln entsteht, der überwunden werden muß. Zwischen diesen beiden Extremen gibt es einen Fluggeschwindigkeitsbereich, in dem der Flug ökonomisch ist. Eine horizontale Linie, die man auf der Höhe der Kraft zieht, die ein Vogel dauerhaft aufwenden kann, schneidet die Kraft-Geschwindigkeits-Kurve an den Punkten der maximalen und minimalen Geschwindigkeit des konstanten Flugs. Am Boden des U ist ein Geschwindigkeitsbereich, in dem die Kraftaufwendung minimal ist, und die Flachheit der Kurve zeigt, daß der Vogel in diesem Bereich seine Geschwindigkeit variieren kann, ohne daß sich der Energieverbrauch stark ändert. Dieser Bereich deckt die normale Reisefluggeschwindigkeit des Vogels ab.

Wo die Kraftaufwendungen am geringsten sind, weil die Flügel durch Fahrtwind Auftrieb erzeugen können, aber sich noch kein allzu großer Widerstand aufgebaut hat, gibt es die Minimalkraft-Geschwindigkeit. Dies ist die Geschwindigkeit, bei der der Vogel so lang wie möglich mit einer bestimmten Treibstoffeinheit auskommt. Es ist die Geschwindigkeit, die der Vogel benutzt, wenn er nicht in Eile ist und wenn er all seine Energie in das Bestreben investiert, so lang wie möglich in der Luft zu bleiben, z. B. bei einer Weihe oder einem Bussard, der die Gegend nach Futter absucht.

Wenn der Vogel auf Reisen geht, wie bei der Futtersuche für die Jungen oder bei der Wanderung in das Winterquartier, fliegt er schneller als mit seiner Minimalkraft-Geschwindigkeit. Er ist daran interessiert, die pro Distanzeinheit verbrauchte Energiemenge zu reduzieren. Deshalb fliegt er lieber so weit wie möglich, als daß er so lang wie möglich fliegt, was der Minimalkraft-Geschwindigkeit entspräche. Obschon dies widersprüchlich klingt, ist es so, daß ein leichter Anstieg der Kraft und der Geschwindigkeit den Vogel, ohne aufzutanken, weiter bringt. Dies ist die Maximalreichweiten-Geschwindigkeit; d. h. die Geschwindigkeit, bei der die maximale Distanzüberbrückung stattfindet und dabei das Verhältnis von Kraft zu Geschwindigkeit minimal ist. Sie kann aus der Kraft-Geschwindigkeits-Kurve ermittelt werden, indem man eine Tangente an die Kurve legt, die durch den Nullpunkt des Koordi-

Unten: Die Küstenseeschwalbe hat einen gegabelten Schwanz und spitz zulaufende Flügel, die viel Auftrieb, aber wenig Widerstand erzeugen. Sie ermöglichen ihr, langsam über die See dahin zu gleiten und mit wenig Energieaufwand nach Futter zu suchen.

Oben: Ein Turmfalke bringt eine große Eidechse zu seinen Nestlingen. Er kann mit seiner Flugmuskulatur genügend zusätzliche Kraft entwickeln, um große Zusatzlasten an Futter aus den Jagdgebieten zum Nest zu bringen.

Unten: Beim Fliegen mit hoher Geschwindigkeit faltet die Küstenseeschwalbe ihre lang ausgezogenen äußeren Schwanzfedern zusammen, wenn sie zur Zeit der Jungenaufzucht zwischen dem Nest und ihren Nahrungsgründen hin- und herfliegt.

Links: Die Fluggeschwindigkeit einer Schleiereule hängt von den Gegebenheiten ab. Wenn sie jagt, fliegt sie langsam und energiesparend. Beim Anblick einer Beute stößt sie jedoch schnell herab, um diese zu ergreifen. Dann fliegt sie mit ihrer Mahlzeit rasch zu den hungrigen Nestlingen zurück.

natensystems geht. In der Luftfahrt ist die Geschwindigkeit mit der maximalen Reichweite die ökonomischste Reisegeschwindigkeit und daher z. B. bei Transkontinentalflügen üblich.

Diese Kurven basieren hauptsächlich auf Berechnungen. Deshalb besteht eine berechtigte Frage darin, ob diese Kalkulation auch für den Vogelflug im Freiland zutrifft. Die Kraft-Geschwindigkeits-Kurve auf Seite 43 ist eine idealisierte Form, die auf aerodynamischen Theorien und Labormessungen des Energieverbrauchs beruht. Die Details hängen jedoch bei den einzelnen Vogelarten von der Form der Flügel und von anderen Charakteristika ab. Die Kraft-Geschwindigkeits-Kurve wurde ursprünglich von Colin Pennycuick ausgearbeitet, der domestizierte Tauben benutzte, die darauf dressiert waren, in einem Windkanal zu fliegen, so daß ihre Kraftaufwendungen bei verschiedenen Geschwindigkeiten gemessen werden konnten. Die Taube ist daher ein gutes Beispiel dafür, wie die Kraft-Geschwindigkeits-Kurve genutzt werden kann, um die verschiedenen Flugformen energetisch zu erklären. Die Kurve zeigt, daß die Minimalkraft-Geschwindigkeit etwa bei 18 km/h liegt und die Maximalreichweiten-Geschwindigkeit bei etwa 43 km/h.

Zum Vergleich zeichnete Colin Pennycuick die Kurven von zwei sehr verschiedenen Vogeltypen. Die Kolibris sind dafür bekannt, daß sie vor den Pflanzenblüten schweben, um an den Nektar zu gelangen. Der Schwebflug ist sehr anstrengend und ist als Lebensstil nur dann möglich, wenn eine entsprechend energiereiche Nahrungsquelle wie der Nektar zugrunde liegt. Die Kraft-Geschwindigkeits-Kurve der Kolibris zeigt, daß die Kraft, die sie permanent aufwenden können, größer ist als die Kraft, die für ein kontinuierliches Schweben benötigt wird, wohingegen die Kurve der Taube zeigt, daß sie nur begrenzt zum Flug auf der Stelle in der Lage ist.

Am anderen Ende dieser Größenskala steht der Kalifornische Kondor, der generell Schwierigkeiten hat, einen kraftunterstützten Flug auszuführen. Er ist unfähig, durch Flügelschlagen genug Kraft zu produzieren, um steil aufzusteigen wie eine Taube, und er muß daher über 20 m weit laufen und dann wie ein Flugzeug abheben, indem er zusätzlichen Auftrieb durch den Luftstrom über seinen Flügeln erzeugt. Selbst wenn er dann in der Luft ist, hat er nicht genügend Kraft, um seine Minimalkraft-Geschwindigkeit zu halten. Wenn er aber Thermiken – warm aufsteigende Luft – oder Aufwinde für seinen Flug nutzen kann, ist er in der Lage, auf seinen riesigen, weit ausgestreckten Flügeln lange und mühelos in der Luft zu segeln. Leider ist der Kondor heute wegen Bejagung im Freiland so gut wie ausgestorben.

Versuche, die errechnete Reichweiten- und Minimalkraft-Geschwindigkeit an tatsächliche Fluggeschwindigkeiten wildlebender Vögel anzupassen, waren frustrierend aufgrund der Schwierigkeiten, die beim Messen der Geschwindigkeit frei lebender Vögel auftraten. Weiterhin hängt die Geschwindigkeit stark davon ab, was der Vogel macht, wieviel Gewicht er trägt in Form von Fettreserven für die Wanderung oder Futter für die Nestlinge, und von der Windrichtung und Windge-

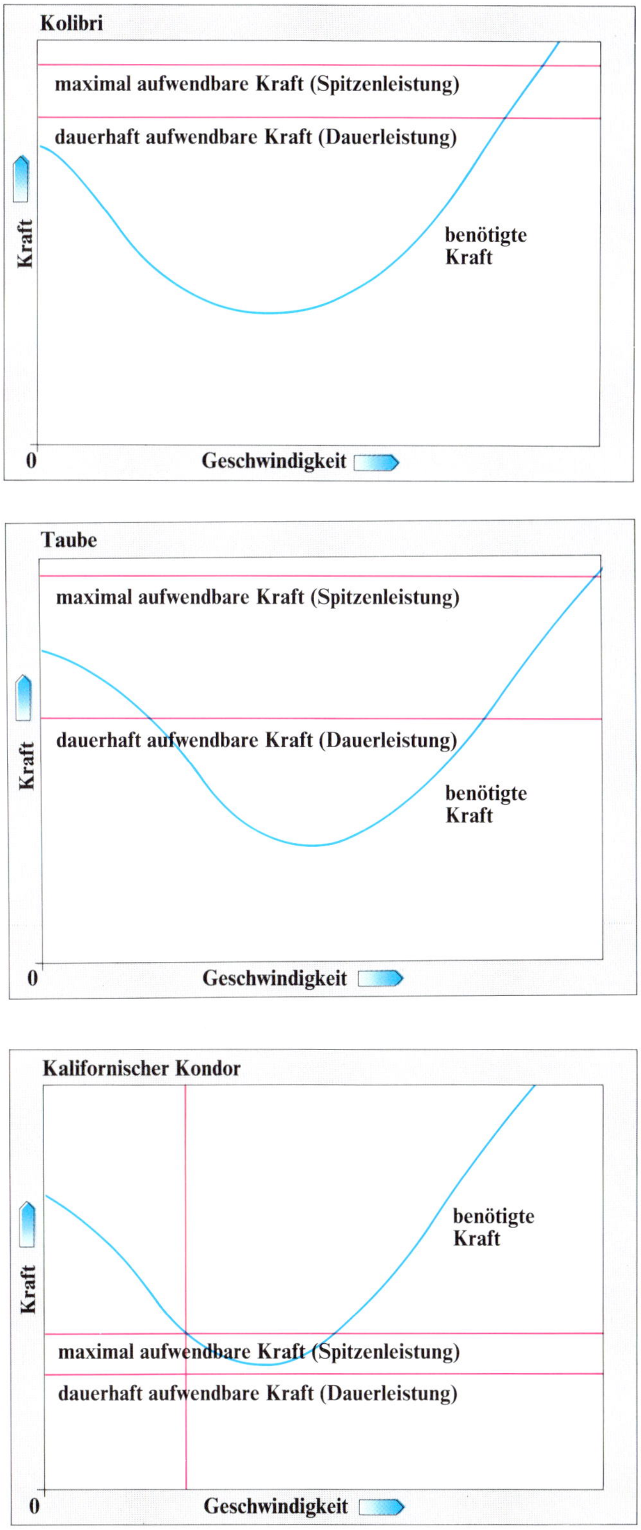

Oben: Der Schlagflug wird mit zunehmender Körpergröße der Vögel energieaufwendiger. Die kleinen Kolibris haben genügend Kraft, um mit Leichtigkeit lange Zeit auf einer Stelle zu schweben. Eine Taube hingegen muß bei ihrem senkrechten Startflug mehr Kraft einsetzen, als sie beim Dauerflug aufbringen kann. Ein Kalifornischer Kondor kann nur abheben, indem er von einer Sitzwarte herabspringt oder bei günstigem Wind startet.

Geschwindigkeit in Kilometern pro Stunde (km/h)

Art	beobachtete Geschwindigkeit	Minimalkraft-Geschwindigkeit	Maximalreichweiten-Geschwindigkeit
Wanderalbatros	54	44	72
Buntfuß-Sturmschwalbe	40	20	35
Eissturmvogel	47	38	63
Graureiher	43	36	50
Weißstorch	67	38	65
Stockente	65	38	68
Turmfalke	32	23	40
Kranich	68	46	78
Krähenscharbe	55	51	83
Silbermöwe	41	37	61
Papageitaucher	63	42	70
Mauersegler	23	17	24
Langschwanzeremit	43	20	27
Haussperling	35	21	40
Star	34	28	47
Rabenkrähe	50	29	52
Rauchschwalbe	32	16	27

schwindigkeit. Im allgemeinen nimmt man an, daß ein Vogel, der lange genug auf einem geraden Kurs dahinfliegt, so daß eine Messung an ihm durchgeführt werden kann, und vorausgesetzt, daß nicht mehr als eine leichte Brise vorhanden ist, nah an der Maximalreichweiten-Geschwindigkeit fliegt. Der gemessene kann dann mit dem kalkulierten Wert verglichen werden.

Die Tabelle auf dieser Seite zeigt einige glaubwürdige Zahlen, die aus Radarmessungen stammen. Die gemessenen Werte werden mit der kalkulierten Geschwindigkeit verglichen. Daraus läßt sich ersehen, daß die Vögel langsamer fliegen als die kalkulierte Maximalreichweiten-Geschwindigkeit. Aber es treten einige unerwartete Unterschiede auf, die wichtige Aspekte des Vogelflugstils erklären. Der Wanderalbatros und der Eissturmvogel fliegen langsamer, als die Berechnungen vermuten lassen. Wie wir jedoch in Kapitel 4 sehen werden, sind die Albatrosse unterversorgt (sie können nicht genug Kraft entwickeln) und verlassen sich mehr auf das Segeln als auf den Schlagflug. Ebensogut wie ein ökonomischer Flug ist für sie das langsame Fliegen, das es ihnen ermöglicht, die See gründlich nach Futter abzusuchen. Die Krähenscharbe scheint ebenfalls zu kleine Muskeln zu haben, um die errechnete Reisegeschwindigkeit zu erreichen. Aber das überraschendste ist die relativ langsame Maximalreichweiten-Geschwindigkeit und Minimalkraft-Geschwindigkeit der Mauersegler, die niedriger sind als die für den etwa gleich großen Haussperling. Alles an diesem Vogel verrät, daß er ein Leben in Schnelligkeit führt. Die schmalen, nach hinten gebogenen Flügel mit flacher Wölbung und der große Flugmuskel sind üblicherweise Kennzeichen der Hochgeschwindigkeitsflieger. Gemäß den Studien einiger Ornithologen, die den Mauersegler untersucht haben, fangen sie jedoch Insekten mit einer wenig höheren Geschwindigkeit als der Minimalkraft-Geschwindigkeit, und auf dem Zug fliegen sie mit der Maximalreichweiten-Geschwindigkeit. Beide Geschwindigkeiten sind nicht besonders schnell. Es gibt keinen Zweifel, daß Mauersegler, wenn sie einander um die Häuser herum jagen, sehr schnell fliegen, aber sie sind dann wahrscheinlich im Windschatten und schlagen schneller mit den Flügeln als normal. Offensichtlich muß ein Vogel, der fast sein ganzes Leben in der Luft verbringt, Ökonomie praktizieren.

Maximale Fluggeschwindigkeiten sind sehr schwer zu messen, und manche Ergebnisse sind relativ gewagt. Seglerarten der Gattung *Raphidura* sollen die bewundernswerte Geschwindigkeit von 320 km/h erreichen. Diese Geschwindigkeit wurde berechnet, indem man mit einer Stoppuhr die Fluggeschwindigkeit von Seglern gemessen hat, die an einem Bungalow in Assam vorbeiflogen und dann über eine Bergkette, die genau 2 Meilen entfernt war, verschwanden. Diese Methode der Geschwindigkeitsmessung halte ich für sehr unpräzise. Möglicherweise gerieten die Segler außer Sicht, bevor sie überhaupt die Berge erreicht hatten.

Die Eiderente erreicht mit 76 km/h die schnellste Geschwindigkeit für den konstanten Flug. Diese Zahlen sind mit Radar gemessen worden und daher recht zuverlässig. Der Wanderfalke erreicht bei Sturzflügen die höchsten Geschwindigkeiten überhaupt. Anhand von Radarmessungen wurde festgestellt, daß er bis zu 180 km/h fliegen kann. Ein Pilot berichtet jedoch, daß er von einem Wanderfalken überholt wurde, als dieser eine Attacke auf eine Schar von Gänsen machte und dabei mit einer Geschwindigkeit von 280 km/h in diese Schar eintauchte. Theoretisch könnte ein Wanderfalke im Sturzflug eine maximale Geschwindigkeit von 375 km/h erreichen, aber er wird wahrscheinlich unter dieser Geschwindigkeit bleiben, so daß er genügend Kontrolle über den Flug behalten kann, um den Bewegungen seiner Beute zu folgen.

Der Energiehaushalt des Rotkehlchens

Das Rotkehlchen ist ein niedlicher kleiner Vogel, der im Garten auf dem Handgriff eines Spatens oder auf einem tief hängenden Ast sitzt, wo er darauf wartet, daß er sich auf einen Wurm stürzen kann, der beim Graben an die Bodenoberfläche befördert wird. Dieses Verhalten zeigte das Rotkehlchen bereits, als Europa noch mit großen ursprünglichen Wäldern bedeckt war. Damals lernte es, daß es gute Nahrungsquellen finden konnte, indem es den Wanderungen größerer Säuger folgte. Diese jagen bei ihrer Bewegung durch das Laubwerk Insekten auf, die das Rotkehlchen fängt.

Bei der Futtersuche hüpft das Rotkehlchen entweder kreuz und quer über den Boden, oder es hält Ausschau von einem hochgelegenen Punkt aus und fliegt dann hinunter und wieder hoch in kurzen Flügen, die weniger als eine Sekunde andauern. Verglichen mit einer Rauchschwalbe, die mehr als 8 Stunden am Tag in der Luft ist, um Insekten zu fangen, verbringt das Rotkehlchen nur ein Fünftel des Tages damit, Futter zu besorgen, und es ist dabei auch nur wenige Minuten wirklich in der Luft. Trotzdem wird ein beachtlicher Teil der Energie des Rotkehlchens für den Flug benötigt. Experimente zeigten, daß die Rotkehlchen mehr Energie für diese kurzen Flüge aufwenden müssen, als durch theoretische Berechnungen erwartet wurde. Dies kommt daher, daß sie langsamer fliegen als mit der berechneten Minimalkraft-Geschwindigkeit (13,8 km/h anstatt 21 km/h). Sie starten und landen so schnell, daß sie niemals hohe Geschwindigkeiten erreichen. Wie die Kraft-Geschwindigkeits-Kurve zeigt, ist der langsame Flug, bei dem der Vogel fast in der Luft schwebt, sehr kostspielig. Er lohnt sich aber trotzdem, weil die Rotkehlchen nicht wie andere Vögel auf der Suche nach Futter umherfliegen, sondern erst dann losfliegen, wenn sie einen Happen erblickt haben.

Oben: Ein Rotkehlchen bringt Futter zu seinen Nestlingen. Junge aufzuziehen bedeutet für das Rotkehlchen eine starke Belastung durch zusätzliche Flugkosten.

Unten: Normalerweise fliegen die Rotkehlchen von einer Sitzwarte herab, um einen Wurm oder ein Insekt zu ergreifen, aber dieses hier hat seine Technik modifiziert, um eine sehr ergiebige Nahrungsquelle zu nutzen.

Die Leichtbauweise: Der Schlüssel zum Fliegen

Das Geheimnis des erfolgreichen Fluges liegt in der Kombination von hoher Kraftproduktion und geringem Gewicht. Die Vögel haben durch weitreichende Veränderungen in ihrer Anatomie und Physiologie beides erreicht, sowohl die Kraftproduktion zu vergrößern als auch Gewicht einzusparen. Es wurde geschätzt, daß ein Engel eine Brust von 2 m Tiefe benötigen würde, um die für das Fliegen notwendigen Muskeln beherbergen zu können. Ohne Zweifel könnte dies reduziert werden, wenn er Gewicht bei anderen Organen einsparen würde – möglicherweise sind ja keine Beine unter ihren fliegenden Gewändern. Dies ist eine witzige Vorstellung, aber sie zeigt, welche eklatanten Unterschiede zwischen dem Körper eines Menschen und dem eines Vogels bestehen.

Gewichtsverminderung

Der größte Vogel, der jemals geflogen ist, war *Argentavis magnificens,* dessen prähistorische Reste in Argentinien entdeckt wurden. Er war ein geierähnlicher Vogel mit einer Flügelspannweite, die auf 7,5 m geschätzt wird, und seine Handschwingen waren etwa 1,5 m lang. Er wog 77,5 kg, ein Gewicht, das weit über der theoretischen Grenze für den Schlagflug liegt. Dieser Vogel war wahrscheinlich darauf angewiesen, ähnlich wie die heutigen Geier und Kondore die Thermiken über der argentinischen Savanne für seinen Flug zu nutzen.

Argentavis konnte nur unter bestimmten Bedingungen überleben. Bei den meisten Vögeln stellt ein geringes Gewicht einen enormen Vorteil dar. Es mußte jedoch eine Gewichtsreduktion erreicht werden, ohne die Stabilität zu verlieren, weil das Knochengerüst des Vogels den beachtlichen Beanspruchungen durch den Flug standhalten muß. Der Vorteil, der durch die Gewichtsreduktion des Körpers entsteht, ist, daß dadurch Kraftreserven übrigbleiben, die zum Manövrieren oder zum Futtertragen genutzt werden können. Indem das Körpergewicht reduziert wird, nimmt auch die Kraftmenge ab, die für den Flug benötigt wird. Deshalb spielte die Gewichtseinsparung eine wesentliche Rolle bei der Eroberung der Luft durch die Vögel. Diese Gewichtseinsparung erreicht ihre Obergrenze bei dem großartigen Fregattvogel. Der Fregattvogel ist dafür ausgelegt, über tropische Meere zu gleiten. Er hat eine Flügelspannweite von 2,3 m und ein Gewicht von 1,5 kg, wobei sein Skelett nur 100 Gramm wiegt, also halb soviel wie das Gewicht seiner Federn, die etwa 200 Gramm wiegen.

Einer der wichtigsten Grundsätze in der Evolution der Vögel ist: Stärke und Leichtigkeit. Der Prozeß der Gewichtsreduktion hatte auf dem Stadium des *Archaeopteryx* gerade begonnen, und ein Vergleich der Fossilien des *Archaeopteryx* mit dem Skelett der heutigen Vögel zeigt, wie viel seitdem erreicht wurde.

Das Skelett der heutigen Vögel wurde auf hohle, flache Platten reduziert, indem die Knochen an ihren Gelenken verwachsen sind. Obschon die Starrheit des Körpers dadurch zunahm, wurde andererseits das Gewicht der Muskeln und Sehnen, die nötig sind, um das Skelett in einer bestimmten Position zu halten, verringert. Der Schwanz wurde von einem langen Balancierstab bei *Archaeopteryx* reduziert auf einen kurzen Stummel, das Pygostyl, mit begrenzter Flexibilität, das zum Anheben des Schwanzfächers nötig ist. Der Schwanz ist mit dem Rückgrat verbunden, welches wiederum mit dem Becken verwachsen ist, um so eine sehr leichte, aber starre Struktur zu bilden. Im Gegensatz hierzu bleibt der Nacken extrem flexibel, damit der Schnabel als universelles Werkzeug benutzt werden kann. Die Rippen sind flache Platten mit Hakenfortsätzen, über die benachbarte Rippen miteinander verbunden sind, um zusätzliche Stabilität zu geben.

Der Schädel ist ebenfalls leichtgewichtig, und die schweren Kiefer, die Kaumuskulatur und die Zähne des *Archaeopteryx* sind bei den heutigen Vögeln ersetzt worden durch leichte Kiefer, die vom Hornschnabel verdeckt werden. Anstelle der Zähne, die man zum Zerkleinern von Nahrung benötigt, haben viele Vögel einen schweren Muskelmagen (Kaumagen), in dem Körnernahrung zerrieben wird. Hier wird wenig bis gar kein Gewicht eingespart; ein Vorteil jedoch besteht darin, daß dieser Kaumagen, der in der Nähe des Magens ist, nah am Körperschwerpunkt liegt, was dazu beiträgt, den Vogel im Flug in einer stabilen Lage zu halten.

Die inneren Organe unterlagen ebenfalls einer umfassenden Gewichtsreduktion. Anstatt schweren Urin in einer Blase zu lagern, produzieren die Vögel stickstoffhaltige Ausscheidungen, die in konzentrierter Form als Harnsäure abgegeben werden. Die Reproduktionsorgane beider Geschlechter sind außerhalb der Brutsaison fast bis zum Verschwinden zurückgebildet. Das Weibchen hat nur einen einzigen Eierstock (Ovar), der während der Brutsaison um das 1500fache anwächst. Die Notwendigkeit, die reproduktiven Organe zu reduzieren, wird am Verhalten des weiblichen Sperbers demonstriert. Bevor das Brüten beginnt, nimmt das Gewicht des Sperberweibchens um 13% durch das Wachstum des Eierstocks und durch die Anlage von Fettreserven zu. Dies stört jedoch sehr ihre aerodynamische Form, da der Widerstand durch ihre nun kräftige Gestalt heraufgesetzt ist, und ihre Flügelflächenbelastung ist ebenfalls vergrößert. Ihre Jagd wird dadurch beeinträchtigt, und sie hängt zunehmend vom Männchen ab, das ihr Futter bringt. Wenn die Eiablage näherkommt, wird ihr Flug merkbar schwerfälliger.

Die Eigenschaft des Vogels, Eier zu legen, im Gegensatz zum Lebendgebären bei den Säugern und vielen Reptilien, wird oft als Resultat der Notwendigkeit der Gewichtsersparnis beschrieben. Obschon Fledermäuse lebende Junge gebären, können sie stets nur ein Junges produzieren. Durch das Eierlegen wird diese Beschränkung der Reproduktionsrate aufgehoben. So kann das Vogelweibchen eine große Familie haben, weil es nur für die kurze Zeitspanne von etwa einem Tag, welche es benötigt, um ein Ei zu produzieren, behindert wird. Dies mag richtig sein, aber Professor Hans-Rainer Duncker, ein deutscher Physiologe, stellt einen wesentlich wichtigeren Grund hierfür heraus. Ein Küken, das aus dem Ei schlüpft, braucht 1–2 Tage, bis die Atmung, die vorher durch die Eimembran stattfand, umgestellt ist auf das komplexe Lungen- und Luftsacksystem. Es ist schwer vorstellbar, wie dies anders als in einem Ei stattfinden soll. Lebendgeborene Tiere müssen sich sehr schnell umstellen, um ihren Sauerstoff anstatt aus dem Blutkreislauf der Mutter aus der Luft zu bekommen. Auf

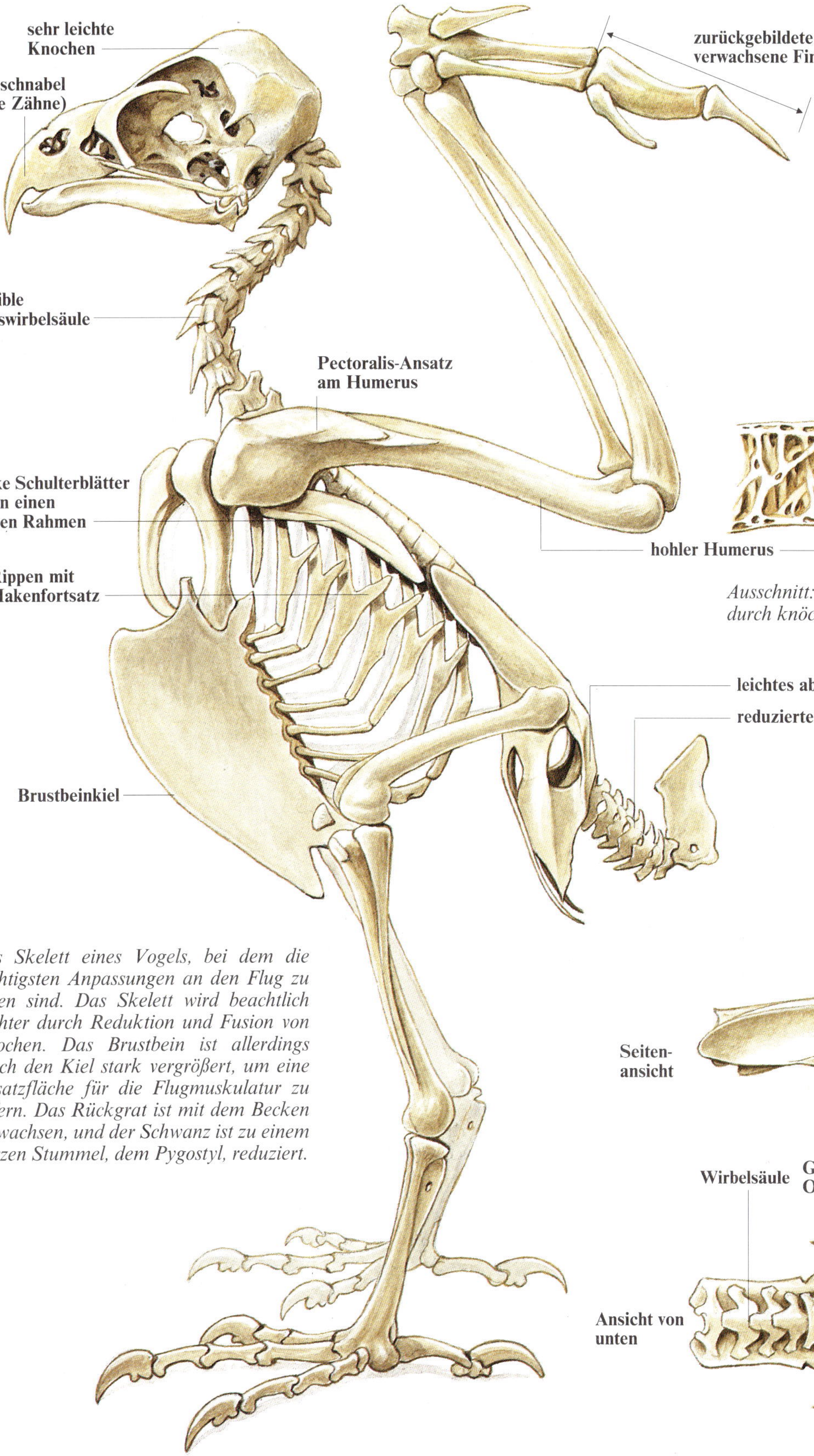

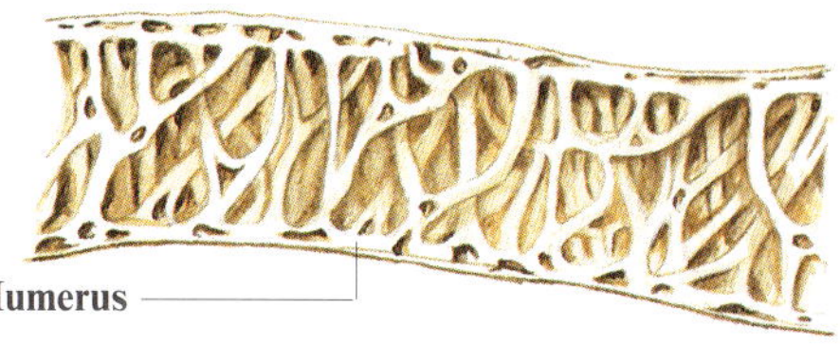

Ausschnitt: Ein hohler Flügelknochen, der durch knöcherne Streben verstärkt wird.

Das Skelett eines Vogels, bei dem die wichtigsten Anpassungen an den Flug zu sehen sind. Das Skelett wird beachtlich leichter durch Reduktion und Fusion von Knochen. Das Brustbein ist allerdings durch den Kiel stark vergrößert, um eine Ansatzfläche für die Flugmuskulatur zu liefern. Das Rückgrat ist mit dem Becken verwachsen, und der Schwanz ist zu einem kurzen Stummel, dem Pygostyl, reduziert.

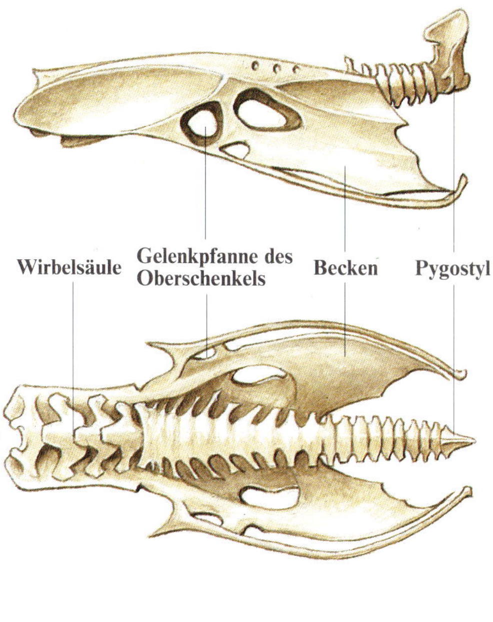

Darstellung eines Querschnittes durch einen Vogelkörper, der die Lage und den Mechanismus der Flugmuskulatur verdeutlicht. Die Muskeln sind am Brustbein befestigt und ziehen am Humerus (Oberarmknochen) der Flügel.

A: Die Kontraktion des großen Brustmuskels führt dazu, daß der Flügel nach unten gezogen wird (Abschlag).
B: Die Kontraktion des kleinen Brustmuskels wirkt über einen „Flaschenzug“, um den Flügel anzuheben (Aufschlag).

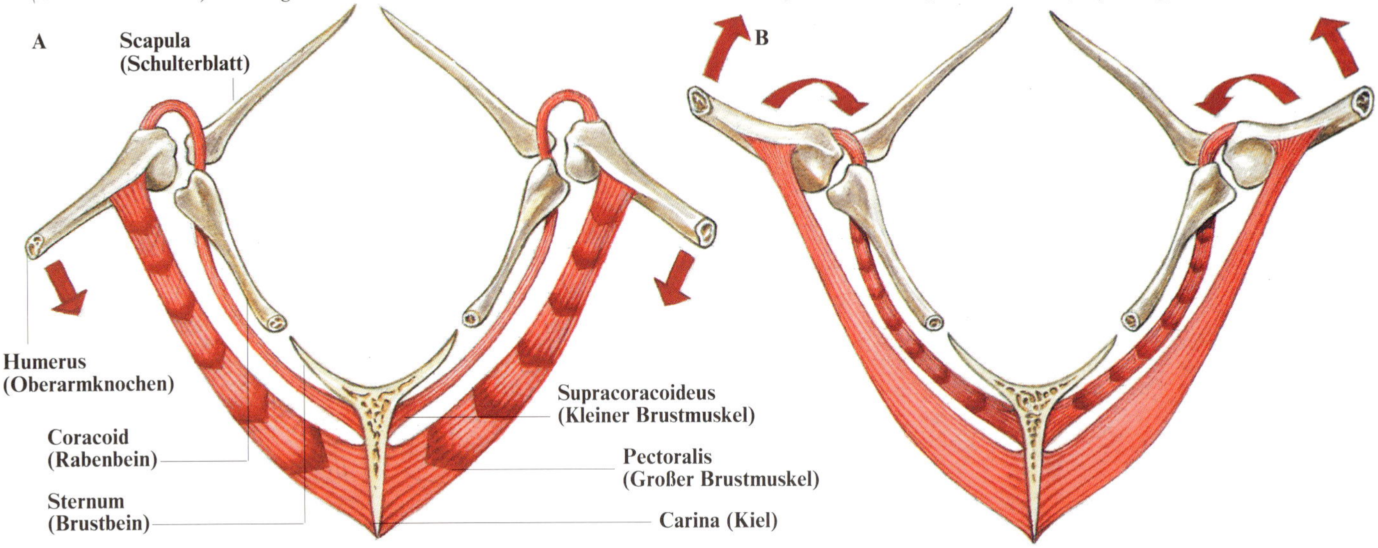

diese Weise ist das einheitliche Atmungssystem der Vögel ein Grund dafür, warum sie nicht lebendgebärend sein können.

Überflüssiges Gewicht zu reduzieren wirkt sich auch auf die Nahrung aus. Vögel brauchen reichlich energiereiches Futter, um den Flug aufrechthalten zu können. Aber es muß leicht zu verdauen sein, und die Überreste müssen schnell ausgeschieden werden können. Deshalb fressen viele Vögel Fleisch, Insekten, Samen und Früchte. Ernährungsweisen auf der Basis umfangreicher energiearmer Blatt- und Grasnahrung sind ungewöhnlich. Das Schopfhuhn ist einer der wenigen Spezialisten, die Blätter fressen. Es speichert Blätter in seinem großen Kropf, ähnlich wie die Wiederkäuer unter den Säugetieren, aber dann hat es Schwierigkeiten mit dem Fliegen. Andere Vögel, die einen hohen Anteil pflanzlicher Nahrung zu sich nehmen, sind gewöhnlicherweise solche, die nicht viel fliegen, wie die Trappen, Wachteln und Fasanen. Nur Gänse, die Gras fressen, und einige Enten und Schwäne machen da eine Ausnahme. Sie nehmen kleine, aber häufige Mahlzeiten ein, so daß ihr Gewicht relativ konstant bleibt und sie somit weiterhin abheben können, wenn sie vor einer potentiellen Gefahr flüchten müssen.

Anpassungen an eine hohe Kraftproduktion

Das auffallendste Merkmal der Vogelanatomie ist die kräftige Brustmuskulatur. Sie ist aus zwei Muskeln zusammengesetzt, die übereinander liegen. Der Pectoralis (Großer Brustmuskel) auf der Außenseite zieht den Flügel hinunter, und der innere Supracoracoideus (Kleiner Brustmuskel) zieht den Flügel nach oben mit Hilfe einer Sehne, die über das Schultergelenk geht wie ein Seil über einen Flaschenzug. Ein Vorteil dieses einzigartigen Systems gegenüber dem konventionellen System des Gebrauchs der Schultermuskulatur zum Heben der Vordergliedmaßen ist, daß die Hauptmuskelmasse und somit auch der Schwerpunkt des Vogels weit unten am Vogelkörper liegt, wodurch die Stabilität im Flug verbessert wird.

Die Ansatzstelle für den Brustmuskel bildet das Brustbein oder Sternum mit seinem Kiel oder Carina und zum Teil auch das Gabelbein und das Rabenbein oder Coracoid. Bei jedem Tier gibt die Fläche, mit der der Muskel am Knochen befestigt ist, gute Hinweise darauf, mit welcher Kraft der Muskel arbeitet. Das schildartige Brustbein der Vögel, das an sich schon wesentlich größer ist als das bei gleich großen Säugern, wird weiterhin noch verlängert durch den Kiel, und die Gesamtfläche für den Muskelansatz ist somit riesig. Am anderen Ende des Muskels wird eine gute Verankerung am Oberarmknochen durch einen Fortsatz, das Deltoid, geliefert.

Um zu verhindern, daß der Körper in sich zusammenbricht und die Organe gequetscht werden, wenn sich der große Brustmuskel kontrahiert, ist das Skelett mit Streben versehen und verstärkt. Der Kiel hat noch eine weitere Funktion, als nur eine zusätzliche Verankerungsfläche zu stellen. Er hält den Großen Brustmuskel vom Kleinen Brustmuskel entfernt, so daß letzterer nicht gegen das Brustbein gedrückt wird, wenn sich der Große Brustmuskel kontrahiert. Die Schulter (pectoraler Gürtel) stellt einen starren Rahmen dar, der aus den Schulterblättern (Scapulae), den Rabenbeinen (Coracoide – Knochen, die den Säugern fehlen –) und aus den Schlüsselbeinen (Claviculae) besteht. An der Verbindungsstelle mit dem Körper ist eine Lücke, das Foramen triosseum (dreiknöchriger Kanal), die den Flaschenzug für die Sehne des Kleinen Brustmuskels stellt. Strauße, Kiwis, Rheas, Kasuare und Emus, die das Fliegen aufgegeben haben, besitzen nur rudimentäre Flügel, und Gabelbeine und Kiel sind verschwunden.

Die Schulterblätter stellen die Verankerung für die Flügel dar, und sie sind durch Ligamente mit den Rippen verbunden. Die Coracoide und Claviculae fungieren wie Streben, die die Schultern vom Brustknochen trennen. Bei vielen carinaten Vögeln sind die beiden Claviculae zum Gabelbein oder Furcula verwachsen, jedoch nicht bei einigen Papageien, sowie Tukanen und Bartvögeln. Es ist jedoch nicht bekannt, ob und wie diese Verwachsung den Flug beeinflußt.

Der Treibstoff zum Fliegen

Wenn der Vogel beständig fliegt, braucht er 10 bis 15 mal mehr Energie, als wenn er ruhig auf einem Ast sitzt. Zur Not kann er diese Rate verdoppeln, z. B. wenn er auffliegt oder wenn er verfolgt wird. Die Energie für die Muskelarbeit stammt aus der Oxidation von Treibstoff. Aber anstelle einer explosiven Oxidation, wie sie in einem Motor stattfindet, oxidieren die Muskeln Kohlenhydrate über eine lange Kette von biochemischen Reaktionen. Das Endresultat ist dasselbe:
Treibstoff + Sauerstoff → Kohlendioxid + Wasser + Energie
In den Muskeln wird dieser grundlegende Prozeß als Respiration bezeichnet, ein Ausdruck, der oft für den Luftaustausch in den Lungen, den man aber lieber Atmung oder Ventilation nennen sollte, benutzt wird. Wie alle chemischen Reaktionen läuft auch die Respiration bei höheren Temperaturen schneller ab. Deshalb ermöglicht eine höhere Körpertemperatur den Muskeln, effektiver zu arbeiten. Vögel haben daher eine Ruhetemperatur von rund 40 °Celsius, was einige Grad höher ist als bei den Säugern, und wenn sie fliegen, steigt ihre Temperatur noch einige Grade weiter. Den Haupttreibstoff in den Muskeln des Vogels liefern Fette und das Kohlenhydrat Glykogen. Um eine regelmäßige und ausgiebige Energieproduktion zu haben, verbrennen die Vögel Fett. Obschon Fett in der Nahrung der meisten Vögel nur sehr selten vorkommt, wird es in der Leber aus Kohlenhydraten hergestellt. Die Transformation lohnt sich, weil Fett leicht gelagert werden kann. Glukose und andere Zucker können nur nach der Transformation zu Glykogen und unter Anlagerung von Wasser gespeichert werden. Deshalb sind Kohlenhydrate schlechte Energiereserven, denn sie nehmen zuviel Platz ein, wohingegen Fette als „Trockenmasse" unter der Haut und um die inneren Organe herum gespeichert werden. Ein anderer Vorteil von Fett ist, daß es zweimal soviel Energie freisetzt wie Kohlenhydrate. Wenn man beide Vorteile kombiniert, enthält das gespeicherte Fett achtmal soviel Energie wie die äquivalente Menge an Kohlenhydraten.
Glykogen hat einen Vorteil: Es kann unter anaeroben Bedingungen metabolisiert werden und dann kurzfristig eine sehr hohe Krafterzeugung gewährleisten. Sprinter respirieren unter anaeroben Bedingungen, weil ihre Lungen während solch extremer Anstrengungen nicht genügend Sauerstoff für die Muskeln liefern können. Glykogen wird in Milchsäure verwandelt, die später zu Kohlendioxid und Wasser abgebaut wird, jedoch erst dann, wenn der Sprinter seinen Lauf beendet hat. Vögel brauchen Glykogen, das sie anaerob veratmen, wenn sie starten oder sehr schnell fliegen. Aber wenn der Flug dann beständiger wird und normale Reisegeschwindigkeit erreicht, gehen sie dazu über, Fett zu verbrennen. Sie verändern dabei auch die Art und Weise des Muskeleinsatzes.
Die Muskeln setzen sich aus zwei verschiedenen Typen von Muskelfibrillen zusammen, was sich im hellen und dunklen Fleisch eines Hühnchens widerspiegelt. Das dunkle Fleisch ist im rohen Zustand dunkelrot aufgrund der vielen kapillaren Blutgefäße, von denen es durchzogen wird, und aufgrund der höheren Konzentration von rotem sauerstofftransportierendem Pigment, das Myoglobin genannt wird. Die zwei Typen von Muskelfasern brauchen verschiedenen Treibstoff und haben auch verschiedene Funktionen. Rote Muskeln verbrennen Fett auf aerobe Weise und werden für das normale Reisen benutzt, während weiße Muskeln Glykogen unter anaeroben Bedingungen verbrennen und bei kurzfristigen Sprints eingesetzt werden. Deswegen haben starke, aber konstant fliegende Vögel Brustmuskeln, in denen die roten Fasern dominieren, während Hühner und Truthähne, die abheben und nur kurze Distanzen fliegen, Brustmuskeln aus überwiegend weißen Fasern besitzen. Die Taube, die einen explosionsartigen Start hat, dem ein schneller beständiger Flug folgt, hat eine Mischung aus beiden Fasertypen in ihrem Brustmuskel.

Oben: Der schwere Kaffernhornrabe hebt sich in die Luft. Seine Flugmuskulatur ist daran angepaßt, kurze, schnelle und kraftaufwendige Flügelschlagsequenzen durchzuführen, aber ein länger dauernder Flug bereitet ihm Schwierigkeiten.

Links: Da der Mäusebussard einen sehr energiesparenden Flug hat, kann er viele Stunden in der Luft bleiben, während der er nach Futter sucht und sein Revier verteidigt.

Herz und Lungen

Damit die Muskeln gut arbeiten können, brauchen sie ein leistungsfähiges Blutkreislaufsystem, das sie mit Treibstoff und Sauerstoff versorgt und das die Abfallprodukte entfernt. Obschon einige Unterschiede im Blutkreislaufsystem der Vögel und Säuger bestehen, sind die Mechanismen grundsätzlich dieselben. Beide haben vierkammerige Herzen, die das Blut zur Lunge hinführen, und auf seinem Weg zurück, wenn es mit Sauerstoff versorgt ist, schicken sie es zu den Muskeln und zu den anderen Organen, wo der Sauerstoff bei der Respiration gebraucht wird. Kohlendioxid wird gleichzeitig aufgenommen, zu den Lungen transportiert und ausgeschieden.

Unten: Abbildung des Atmungssystems eines Vogels. Die Luft gelangt durch die Luftröhre (Trachea) in die Luftsäcke, bevor sie durch die Lungen strömt. Die dünnwandigen Luftsäcke funktionieren lediglich als Reservoir; einige von ihnen erstrecken sich auch bis in die hohlen Knochen hinein.

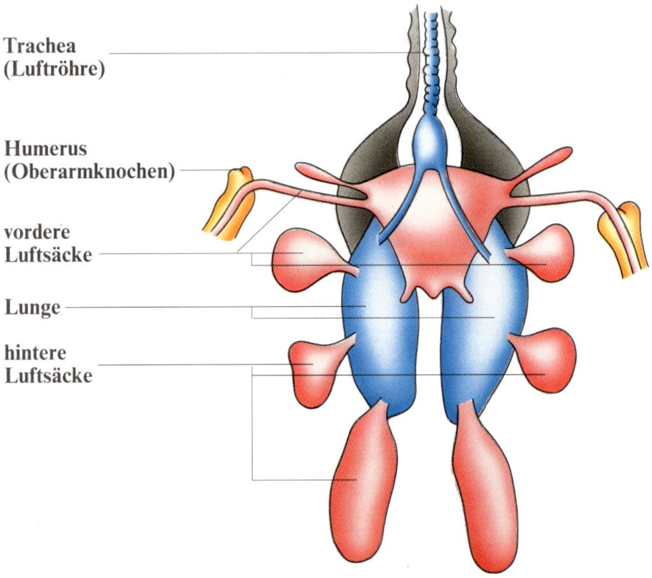

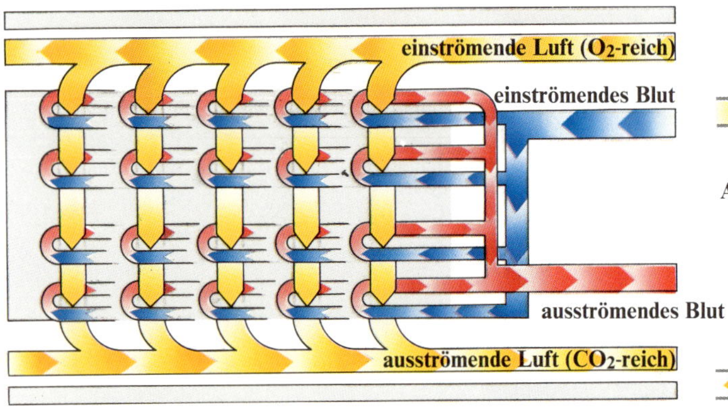

Oben: Die Anordnung der kapillaren Blutgefäße, die eng um die dünnen Lungenröhren geschlungen sind, gewährleistet einen effektiven Gasaustausch. Wenn die Luft durch diese dünnen Röhren strömt, nimmt das Blut Sauerstoff (O_2) auf und gibt Kohlendioxid (CO_2) und Wasserdampf ab.

Ein Unterschied zwischen diesen beiden Systemen, der auf der Flugfähigkeit beruht, ist, daß das Herz der Vögel umfangreicher und kräftiger ist als das der Säuger. Das Herz eines Sperlings ist in bezug auf das Körpergewicht nahezu dreimal so schwer wie das einer Maus. Kleine Vögel haben relativ größere Herzen als große Vögel, und Langstreckenzieher haben größere Herzen als nicht ziehende Arten. Die Herzschlagfrequenz ist ebenfalls bei den Vögeln wesentlich schneller als bei den Säugern. Er variiert von einem Ruhepuls von 93 Schlägen pro Minute bei Truthühnern, 190 bei Stockenten, 700 bei Buchfinken bis zu 1000 bei Kolibris. Der Mensch hat einen Ruhepuls von 70 Schlägen pro Minute. Die Kombination eines großen Herzens und eines schnellen Pulsschlages ergibt schließlich eine Pumpkapazität, die mehrere Male höher ist als die der Säuger.

Im Gegensatz zu den doch recht ähnlichen Herzen bei Säugern und Vögeln ist das Atmungssystem der Vögel einzigartig und sehr verschieden von den einfach arbeitenden Säugerlungen, die lediglich wie ein paar Blasebälge funktionieren. Die Vogellungen sind relativ klein, aber sie sind mit einem System von aufblasbaren Luftsäcken verbunden, die sich durch den ganzen Körper ziehen und sich manchmal bis in die Knochen und Brustmuskeln hinein erstrecken.

Um zu zeigen, daß die weit entfernten Luftsäcke mit den Lungen verbunden sind, schnitt der im 18. Jahrhundert lebende Chirurg John Hunter ein Loch in den Humerus eines lebenden Huhns, dann band er die Luftröhre zu. So konnte er zeigen, daß das Huhn immer noch atmen konnte. Der Grund für dieses einheitliche System blieb viele Jahre lang ein Rätsel, aber er wurde zum Gegenstand einer Vielzahl von unmöglichen Theorien. Es wurde gesagt, daß die Luftsäcke den Vogel leichter machen und auf diese Weise den Flug unterstützen. Aber dies ist nur wahr, wenn die Luftsäcke die Knochen durchziehen und so das Innere des Knochens hohl halten und deshalb die Dichte der Knochen reduziert wird. Sogar neueste Artikel stellen die überraschende Behauptung auf, daß hohle Knochen es dem Vogel ermöglichen, mehr Sauerstoff zu spei-

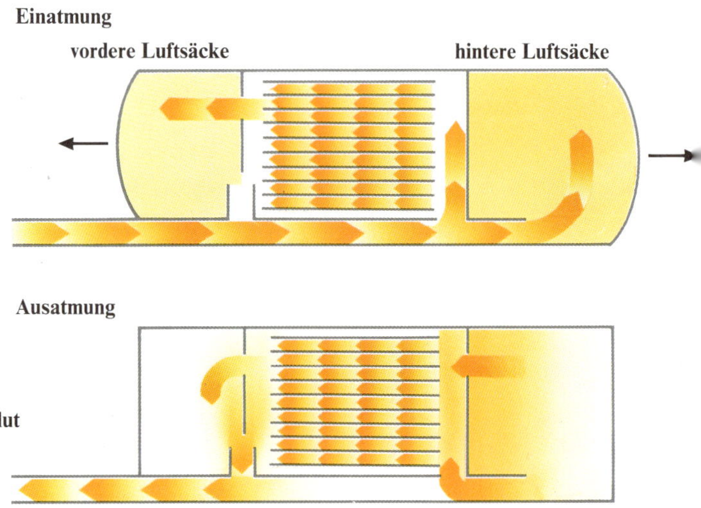

Oben: Schematische Darstellung des Luftstroms durch die Lungen und Luftsäcke – stark vereinfacht. Die Bewegungen des Brustkorbs erweitern und kontrahieren die Luftsäcke, wodurch diese wie Ballons arbeiten, um Luft durch das Atmungssystem zu treiben.

chern. Aber warum sollte der Vogel einen Vorrat an Sauerstoff ansammeln, wo genügend Sauerstoff um ihn herum vorhanden ist?
Aber inzwischen scheinen sich Anatomen und Physiologen einig zu sein, daß die Funktion der Luftsäcke die ist, einen hohen Austausch von Sauerstoff und Kohlendioxid im Blutstrom zu erreichen, indem der Luftstrom in der Lunge stets in dieselbe Richtung fließt und konstant aufrechterhalten wird. Die stark schematisierten Diagramme auf der gegenüberliegenden Seite zeigen den Fluß des Luftstroms durch die Lunge und durch die Luftsäcke. Wenn der Vogel einatmet, gelangt die Luft zunächst in die hinteren (posterior) Luftsäcke, und ein Teil der Luft strömt durch die Lungen in die vorderen (anterior) Luftsäcke. Beim Ausatmen strömt Luft von den hinteren Luftsäcken in die Lungen, und die Luft, die zuvor die vorderen Luftsäcke füllte, wird nun ausgeatmet. Auf diese Weise entsteht ein konstanter Luftstrom durch die Lungen, und er gewährleistet eine effektivere Sauerstoffabsorption und eine effektivere Kohlendioxidabgabe im Vergleich zu den Säugerlungen, in denen bei jedem Atemzug nur immer ein Teil der Luft ausströmt und erneuert wird.
Die Vogellungen arbeiten nicht mit Hilfe eines Zwerchfells. Die Luft wird mit Hilfe der ineinander verhakten Rippen in die Luftsäcke gepumpt, und neue Untersuchungen haben gezeigt, daß auch die Gabelbeine an der Atmung beteiligt sind. Bei den meisten Vögeln, die untersucht wurden (Tauben und Krähen ausgenommen), sind die Flügelschläge wesentlich schneller als die Atmungsrate (beim Star kommen 3 Atemzüge auf 12–16 Flügelschläge). Das Gabelbein fungiert wie eine Springkupplung zwischen Flügeln und Luftsäcken, und es wird angenommen, daß es die Kraft des Flügelschlags überträgt, so daß damit die Luftsäcke betrieben werden können und die Ventilation während des Fluges erhöht wird.
Der Vorteil der Luftsäcke gegenüber den Säugerlungen scheint darin zu liegen, daß Vögel damit in der dünnen Luft großer Höhen fliegen können. Während Mäuse in einer Testkammer auf einer Höhe von 6100 m nur noch eben in der Lage waren, sich zu bewegen, konnten Sperlinge auf dieser Höhe immer noch fliegen und noch höher steigen. Das Einbahnsystem der Vogellunge ist deshalb wahrscheinlich der Mechanismus, der es Vögeln ermöglicht, hoch genug zu fliegen, um Berge zu überqueren und in Luftströmen mit hoher Geschwindigkeit zu wandern. Jedoch nicht jeder Vogel ist so gut angepaßt. Ein Star fliegt in einer Testkammer nur bis auf eine Höhe von 3500 m, was nicht besonders hoch ist für einen ziehenden Singvogel. Er erschöpft schnell, aber erholt sich auch schnell, wenn etwas Sauerstoff zugefügt wird.
Meistens fliegen die Vögel nicht höher als 100 m über dem Boden, aber beim Zug werden weit größere Höhen erreicht. Die Streifengans, die über den Himalaja zieht, und die Kanadagans, die über die Rocky Mountains fliegt, überbrücken Sprünge im Luftdruck, die einen Säuger vollkommen außer Gefecht setzen würden. Der Rekord im Höhenflug wird von einem Sperbergeier gehalten, der bei einer Höhe von 11 000 m im Antrieb eines Flugzeugs verunglückte. Wahrscheinlich befand er sich im Gleitflug, so daß sein Sauerstoffbedarf wesentlich geringer war als beim aktiven Flug. Ein weiterer wichtiger Vorteil ist, daß Vögel aufgrund ihrer effektiven Atmung viel weniger Atemzüge benötigen als gleich große Säuger. So sparen sie Wasser, das ja beim Atemzug verdunstet – ein weiterer Grund für ihre Leichtgewichtigkeit.

Gefiederpflege

Ein Vogel verbringt jeden Tag eine geraume Zeitspanne damit, sein Gefieder zu pflegen, weil der Flug anstrengend und uneffektiv wird, wenn die aerodynamischen Oberflächen der Flügel und des Schwanzes beschädigt sind. Einzelne Momente werden zum Gefiederputzen benutzt, aber es gibt auch ausgedehnte Phasen, in denen der Vogel sein gesamtes Gefieder kontrolliert und wieder herrichtet. Er knabbert dabei sehr vorsichtig an seinen Federn oder an einem Bündel von Federn und glättet sie mit der Kante seines Schnabels, um benachbarte Äste der Federn wieder ineinander zu haken und Schmutz oder Parasiten zu entfernen. Ein Teil des Putzvorganges ist das Fetten der Federn mit Sekret aus der Bürzeldrüse am Schwanzansatz. Zum einen nimmt man an, daß das ölige Sekret dazu dient, die Federn wasserfest zu machen, zum andern wird es durch die Einwirkung von Sonnenlicht in Vitamin D verwandelt. Tatsache ist jedoch, daß es die Federn intakt hält und Bakterien und Pilze tötet.

Ein Trompeterschwan verdreht seinen Körper, um die sehr wichtige Körperpflege durchzuführen.

Oben: Ein Crimson Rosella badet zwischen Seerosen. Seine Federn sind aufgeplustert, damit das Wasser eindringen kann.

Links: Eine Schleiereule zieht eine Schwungfeder durch ihren Schnabel, um Öffnungen in der Fahne zu reparieren, indem sie die Bogenstrahlen wieder miteinander verhakt.

Rechts: Truthahngeier beim Sonnenbaden auf einem Kaktus. Man nimmt an, daß die Sonnenstrahlen den Federn neue Spannkraft verleihen.

Solch einer Putzphase geht oft ein Baden voraus. Einige Arten baden regelmäßig, andere nur sehr selten bis gar nicht, aber wahrscheinlich bekommen sie eine ausreichende Dusche durch den Regen. So gibt es viele Vögel, wie Spechte und Papageien, die sich im Regen waschen, während Laubsänger und Hornvögel zu den Arten zählen, die durch Flügelschlag im nassen Laubwerk Wasser in ihr Gefieder aufnehmen.
Sonnenbaden scheint auch eine Funktion bei der Gefiederpflege zu haben. Der Ornithologe David Houston konnte zeigen, daß Geierfedern, die man zusammengedrückt hat, sich in 3–4 Minuten wieder ausstrecken, wenn sie in der Sonne liegen, aber im Schatten brauchen sie 2–3 Stunden. Wenn Geier, Gaukler, Pelikane und Störche mit ausgestreckten Flügeln dahinsegeln, biegen sich ihre langen Flügelfedern. Diese Vögel legen Sonnenbäder ein, bei denen sie ihre großen Flügel weit ausgebreitet halten, was bei großen Vögeln, die nicht segeln, so wie Schwäne und Reiher, nicht zu beobachten ist.

Die Mauser

Alle Vögel ersetzen ihr gesamtes Gefieder in regelmäßigen Abständen. Dies ist notwendig, weil die Federn hauchdünn werden und durch natürliche Prozesse im täglichen Gebrauch abgenutzt werden. Kleine Brüche entstehen durch die Reibung der Federn aneinander, am Laubwerk oder am Luftstrom während des Fluges. Die Häkchen und die Bogenstrahlen lösen sich auf, der Zusammenhalt der Fahne geht verloren, und sie wird funktionslos.
Bei der Mauser müssen die Vögel Material für den Aufbau der Federn haben, das bei einem kleinen Vogel mengenmäßig einem Viertel seines gesamten Proteingehaltes entspricht. Weiterhin sind Energieaufwendungen für die Herstellung der Federn, sowie zum Warmhalten und für das Fliegen zu einer Zeit, in der viele Lücken im Gefieder sind, nötig. Während der Mauser ist der Flug schwieriger, vor allem dann, wenn die Handschwingen neu wachsen und die Flügel dadurch kürzer sind. Große gleitende Vögel, wie Albatrosse und Adler, die jeden Tag viele Stunden in der Luft verbringen, mausern langsam, so daß zu einem Zeitpunkt immer nur wenige Federn fehlen, und eine komplette Mauser bei ihnen bis zu zwei Jahren dauern kann. Während dieser Zeit kann die nächste Mauser schon wieder eingesetzt haben.
Das zusätzliche Material und die Energie, die für die Mauser benötigt werden, müssen durch gesteigerte Nahrungsaufnahme geliefert werden. Bereits ein kurzfristiger Nahrungsmangel hinterläßt eine Schwachstelle auf der wachsenden Feder, an der der Schaft dann dünn ist und die Fahne keine Bogenstrahlen hat. Die Feder kann an dieser Stelle leicht zerbrechen und dem Vogelflug seine Wendigkeit nehmen. Es ist jedoch eine allgemeine Regel, daß Vögel ihre Mauser zeitlich so legen, daß sie nicht mit Zeiten, in denen Nahrungsmangel herrscht oder in denen sie einen hohen Energiebedarf haben, so wie Brutzeiten oder Zugzeiten, zusammenfallen. Die Mauser eines normalen Kleinvogels dauert vom Anfang bis zum Ende drei bis vier Monate. Normalerweise findet sie nach der Brutsaison statt, obschon einige Vogelarten bereits mit der Mauser anfangen, bevor das Brüten beendet ist.
Es gibt jedoch weitere Variationen im „Mauserfahrplan", wie beim Sperberweibchen, das mit der Mauser beginnt, kurz nachdem es das Ei abgelegt hat. Sie wird vom Männchen mit Futter versorgt, und sie nutzt diese Gelegenheit dazu, ihr Gefieder zu ersetzen, weil sie zu dieser Zeit nicht jagen muß. Sie kann aber auch dann immer noch schwerfällig wegfliegen, wenn sie gestört wird. Einige weibliche Hornvögel, die in ihrem Nest eingemauert sind und keine Gelegenheit zum Fliegen haben, werfen jedoch all ihre Schwung- und Steuerfedern gleichzeitig ab.

Ein Alpenschneehuhn verändert seine Farben während der Brutzeit, wenn der Schnee schmilzt. Die Lücken im Gefieder behindern dann den Flug.

Solch eine Totalmauser (Simultanmauser) ist nicht sehr verbreitet. Enten, Gänse, Kraniche, Rallen und viele Alken und Seetaucher überleben eine fluglose Periode während der Mauser, indem sie sich auf das sichere offene Wasser oder in die dichte Vegetation zurückziehen, wo sie ihre Federn schnell erneuern. Nonnengänse ziehen es vor, in reichlich bewachsenen Seerandbereichen zu mausern, so daß sie genug zu fressen haben und trotzdem vor den Polarfüchsen sicher sind. Die gesamte Mauser dauert bei ihnen wenig länger als fünf Wochen, aber die Gänse sind nur für 25 Tage unfähig zum Auffliegen, weil sie bereits wieder fliegen können, bevor die Schwungfedern vollständig ausgewachsen sind.
Der Grund für dieses Totalmausern ist nicht immer klar, aber die größeren Arten der Alken, wie Trottellummen und Tordalken, haben eine so hohe Flügelflächenbelastung, daß bereits der Verlust von nur wenigen Federn den Flug zu anstrengend machen würde.
Die Art und Weise, wie die Mauser in den Lebensrhythmus eines Vogels hineinpaßt, wird am Beispiel der Watvögel, die in die Arktis ziehen, um dort zu brüten, gut verdeutlicht. Sie brüten während der 2–4 Monate langen arktischen Sommer. Dann wandern sie Tausende von Kilometern südwärts, um den Winter dort zu verbringen. Alpenstrandläufer, die in der Nähe von Point Barrow in Alaska brüten, beginnen mit der Mauser ihrer Handschwingen, sobald sie die Eier gelegt haben, wodurch sie 60 Tage Zeit haben, bis sie ihr gesamtes Gefieder erneuert haben müssen, bevor sie am Ende des Sommers das Brutgebiet verlassen. Die herbstliche Reise in den Süden ist eine Leichtigkeit im Vergleich zu dem im Frühjahr stattfindenden Wettrennen in den Norden. Vögel, die ihre Flügelmauser noch nicht beendet haben, tun dies auf dem Zug. Die Mauser der Körperfedern ist weniger bedeutend. Sie fängt nicht nur später an, sondern wird in einem nahrungsarmen Sommer auch verzögert, während der Wechsel der Schwungfedern um jeden Preis durchgeführt werden muß.
1000 km weiter südlich in Yukon dauern die Sommer zwei Monate länger, und die Alpenstrandläufer fangen nicht mit dem Mausern an, bevor die Jungen flügge sind. Sie wechseln ihre Handschwingen gemächlich innerhalb der 90 Tage, bevor sie südwärts ziehen. In der Alten Welt sieht die Geschichte ganz anders aus. Einige Alpenstrandläufer beginnen ihre Mauser im Brutgebiet. Dann unterbrechen sie diese, wenn der Zug beginnt, und setzen sie schließlich im Winterquartier in Afrika fort. Andere mausern in einem Rastgebiet, wie dem Wattenmeer mit seinen ausgedehnten Flächen, oder im Wash, einem großen Flachwasserbereich im Osten Englands. Einzelne Arten beginnen nicht mit der Mauser, bevor sie das Winterquartier erreicht haben, in dem sie genügend Futter vorfinden und wo keine Notwendigkeit zu weiten Flügen besteht. Dort mausern sie über einen Zeitraum von etwa 150 Tagen.

Ein gleitender Kapsturmvogel, dessen innere Handschwingen aufgrund des Mauservorgangs fehlen. Die Federn werden symmetrisch an beiden Flügeln gewechselt.

Besondere Flugmanöver

Zum Starten und Landen, sowie zur Kontrolle des Fluges, braucht der Vogel spezielle Tricks. Das Problem beim Starten vom Boden aus besteht darin, genügend Auftrieb zum Abheben zu erzeugen. Wenn der Vogel landet, muß er ebenfalls den Auftrieb aufrechthalten, so daß er sehr langsam fliegen kann, ohne daß dabei der Luftstrom abreißt. In der Luft muß er permanent eine stabile Fluglage halten und die energetisch günstigsten Flugmanöver anwenden.

Ein Wanderalbatros zeigt, wie vorzüglich er die Kunst des Fliegens beherrscht.

Starten

Ein Flugzeug startet, indem es eine Piste entlangrollt, bis es die Fluggeschwindigkeit erreicht hat. Dies ist die Geschwindigkeit, bei der der Luftstrom über den Flügeln genug Auftrieb erzeugt, um das Flugzeug in der Luft zu halten. Der Vogel hat einen Vorteil gegenüber dem Flugzeug; er kann in die Luft springen und mit seinen Flügeln schlagen, um damit Auftrieb zu erzeugen. Dies ermöglicht ihm wegzufliegen, wobei seine Fluggeschwindigkeit immer noch weit unter der Geschwindigkeit liegt, bei der bei unbewegten Flügeln ein Abreißen des Luftstroms und damit ein Absacken des Vogels einsetzt. Viele Vögel heben ab, ohne eine Vorwärtsbewegung zu erzeugen. Der gesamte Auftrieb wird dann durch den Flügelschlag produziert. Für kleine Vögel mit genügend Kraftreserven ist dies kein Problem. Aber große Vögel brauchen eine spezielle Flügelform, die ihnen das Starten und auch das langsame Fliegen ermöglicht. Dieser Flügel produziert große Mengen Auftrieb bei geringer Fluggeschwindigkeit. Aber der Nachteil ist, daß es großer Anstrengung bedarf, diesen Flügel zu bewegen – wie z. B. beim Athleten der Sprintstart, der nicht über die gesamte Rennstrecke aufrechterhalten werden kann, weil er zuviel Energie kostet. Wenn der Vogel erst einmal beständig fliegt, wird sein Flügelschlag langsamer und flacher, bis er schließlich in das Muster des typischen geradlinigen Fluges übergeht, das in Kapitel 2 beschrieben wurde.

Wenn man eine Taube, die auf dem Boden sitzt, stört, wird sie sich schwerfällig in die Luft erheben, wobei sie über eine Strecke von 20–30 m steil aufsteigt. Das Muster der ersten Flügelschläge beim Starten wurde mit Hilfe von Filmkameras, die 500 Bilder pro Sekunde machen, bei domestizierten Tauben aufgedeckt. Die Taube öffnet ihre Flügel und streckt sie über ihren Rücken. Dann springt sie hoch, so daß sie weit genug vom Boden weg ist, und vollführt einen kompletten Abschlag, bei dem sie bereits Vortrieb erhält. Bei den folgenden Schlägen schwingen die Flügel abwärts und nach vorne, so daß die Flügelspitzen am Ende des Abschlages horizontal ausgerichtet sind. Die Flügel schneiden dabei durch die Luft, um einen Luftstrom zu erzeugen, der genug Auftrieb zum Erhalt der Aufwärtsbewegung produziert.

Während der nächsten Flügelschläge steigt die Taube nahezu senkrecht in die Luft. Zwei Aspekte sind hierbei bereits mit dem bloßen Auge zu erkennen: zum einen, daß der Körper nahezu aufrecht steht, und zum anderen, daß die Flügelschläge wesentlich tiefer sind als normalerweise (sie schlagen über einen Winkel von 280°, was anatomisch bedingt der größtmögliche Winkel ist). Die Krümmung der Handschwingen zeigt, daß dabei ein starker Auftrieb auf dem äußeren Flügel entsteht, ohne jeglichen Vortrieb zu entwickeln. Der innere Flügel spielt dabei eine untergeordnete Rolle.

Mit diesen langsamen Flügelschlägen würde die Taube beim Aufschlag abstürzen, wenn sich nicht die Hand mit ihren Handschwingen herumdrehen würde, um somit zusätzlichen Auftrieb zu erzeugen. Zu Beginn des Aufschlages werden die Flügel nach vorne gerichtet, wie die Arme eines Schwimmers, der vom Sprungbrett ins Wasser springt. Dann faltet sich der Flügel teilweise zusammen, und das Handgelenk dreht sich um nahezu 180° herum, so daß die Unterseiten der Handschwingen nach oben zeigen und sich die Handschwingen öffnen wie ein Fächer. Ihre vorderen Kanten zeigen in die Richtung, in die sie sich beim Aufschlag bewegen werden. Der Widerstand wird bei der Rückwärts- und Aufwärtsbewegung zwar sehr effektiv verringert, aber die Orientierung der Handschwingen hat eine wesentlich größere Bedeutung. Während der Flügel sich hebt und damit beginnt, sich wieder auszubreiten, schnellt er nach oben und hinten. Der resultierende Luftstrom streicht an den nach innen gedrehten Handschwingen vorbei und wird somit in Auftrieb und Widerstand umgewandelt. Während der Flügel sich nach hinten bewegt, wird der Widerstand in der Tat zum Vortrieb des Vogels. Obschon es sehr überraschend klingen mag, kommt der Hauptauftrieb

Rechts: Wenn eine Ringeltaube abhebt, drehen sich ihre Handschwingen beim Aufschlag mit der Oberseite nach unten und lösen sich voneinander.

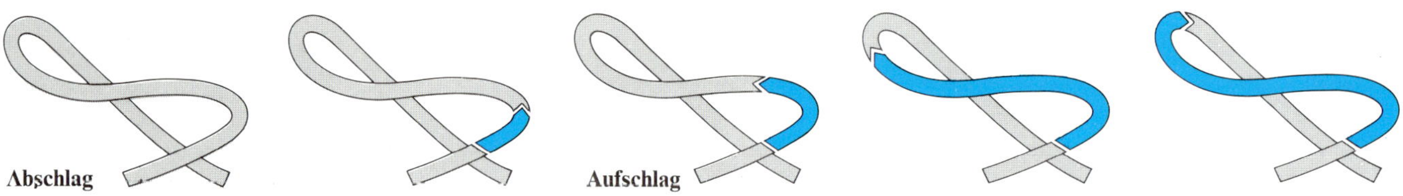

Der Flügelschlagzyklus einer Ringeltaube beim Starten. Die Flügelspitzen bewegen sich annäherungsweise in Form einer Acht. Von links nach rechts: Der Abschlag ist fast beendet, die Flügelspitzen zeigen nach vorne. Beim Aufschlag werden die Flügel gefaltet, und die Handschwingen öffnen sich, wenn sie nach oben und hinten gebracht werden. Dann dreht sich der Handteil des Flügels und klappt nach oben, um zusätzlichen Auftrieb zu erzeugen.

Ein mehrfach belichtetes Bild eines flüchtenden Rotkehlchens. Zwischen dem ersten und dem letzten Bild liegt eine Zeitspanne von einer Achtelsekunde. In dieser Zeit hat das Rotkehlchen bereits gewendet und fliegt weg.

Eine wunderschön gefärbte Kragenente läuft über das Wasser, um ihre Fluggeschwindigkeit zu erreichen. Der Vortrieb, der durch das Laufen erzeugt wird, vermindert die Kraft, die der Flügel produzieren muß, damit sich die Ente in die Luft erheben kann.

und der Hauptvortrieb bei dieser Art des Flügelschlags durch den Aufschlag.

Tauben werden möglicherweise durch eine sogenannte „Clap and Fling Technik" unterstützt, bei der Auftrieb erzeugt wird, indem Luft durch die Zwischenräume der geöffneten Handschwingen strömt. Das charakteristische Klatschen beim Abheben entsteht dadurch, daß sich die Flügel über dem Rücken treffen und dann aufgeschlagen werden wie ein Buch. Die führenden Kanten werden dabei auseinandergerissen, während die rückwärtigen Kanten der Schwungfedern zunächst zusammengedrückt und dann voneinander gelöst werden, wobei Luft explosionsartig über die Flügel gesogen wird, und Auftrieb entsteht.

Diese Art des Abhebens ist sehr anstrengend und sehr ermüdend, und große Kraftreserven werden benötigt. Die hierzu erforderliche Energiemenge ist weit größer als die beim konstanten Flug. Die Kraft-Geschwindigkeits-Kurve zeigt, daß eine Taube viel Kraft besitzt, um sehr langsam zu fliegen, weit unter ihrer minimalen Geschwindigkeit. Aber sie kann diesen langsamen Flug nur für sehr kurze Zeit durchführen. Die Kurve ist unter der Linie der maximalen Kraftaufwendung der Taube, aber über der Linie für die maximale kontinuierlich produzierbare Kraft. Dies bedeutet, daß für die Taube, obschon sie in die Luft springen kann, um abzuheben, die Anstrengung so groß ist, daß sie nicht in der Lage ist, innerhalb von zwei Minuten zweimal vom Boden abzuheben. Wenn die Taube aufgejagt wird, dann sucht sie entweder Zuflucht in einem Baum, wo ein zweiter Start weniger Energie kostet, weil sie sich einfach vom Ast fallen läßt, oder sie fliegt weit genug von der Störungsquelle weg.

Wenn die Körpergröße der Vögel zunimmt, haben sie im allgemeinen weniger Kraftreserven und hängen daher stärker von ihrer Fluggeschwindigkeit ab, die den am Flügel entstehenden Auftrieb fördert. Vögel, die so groß sind wie ein Kondor, haben kaum genug Kraft, einen konstanten Flug aufrechtzuhalten. Der Ornithologe J. McGahan erzählt davon, wie er einen Kondor an einem windstillen Tag von einem Strand aufjagte. Der Kondor versuchte über einen kleinen Gebirgskamm zu fliehen, aber er landete unterhalb vom Kamm und lief ihn hinauf. In den 20 Sekunden, in denen er geflogen war, hatte er nur 14 m Höhe gewonnen. Wenn er nicht in Gefahr gewesen wäre, hätte er wohl kaum den Versuch eines Startens unternommen.

Trappen, Fasanen und ähnliche am Boden lebende Vögel besitzen schwere Körper und haben einige der Anpassungen, die die Vögel erbracht haben, um effektive Flieger zu werden, wieder aufgegeben. Trotzdem müssen sie schnell abheben können, wenn sie verfolgt werden, und ihre kurzen Flügel geben ihnen die Fähigkeit zu einem schnellen, tiefen und kraftvollen Flügelschlag beim Abheben, wobei Spaltflügel den Widerstand reduzieren oder zusätzlichen Auftrieb und Vortrieb bei geringen Fluggeschwindigkeiten erzeugen (s. S. 36).

Die Großtrappe kann nach einem kurzen Lauf von 4–5

Schritten abheben, wenn sie aufgeschreckt wird und sich notgedrungenerweise zurückziehen muß, aber die Anstrengung ist extrem, und sie zieht normalerweise einen längeren Anlauf vor, um genügend Geschwindigkeit vor dem Abheben zu bekommen. Die Kraftreserven sind so niedrig, daß sie bei nassem Wetter nicht starten kann, bevor sie das überschüssige Wasser aus ihren Flügeln ausgeschüttelt hat. Die größere Riesentrappe hat noch mehr Schwierigkeiten. Bei der maximalen Kraft, die sie aufwenden kann, ist sie mit dem Kondor vergleichbar. Sie kann zwar nach einem langen Lauf abheben, aber sie kann kaum lang genug in der Luft bleiben, um einem Verfolger weit genug davonzufliegen.

Die Fähigkeit, abzuheben und steil in die Luft zu steigen, steht in Beziehung zu der Größe des Kleinen Brustmuskels, der den Flügel hebt (siehe Seite 52). Bei großen langsam schlagenden Vögeln und bei vielen kleinen Vögeln wiegt der Supracoracoideus (Kleiner Brustmuskel) weniger als ein Zehntel des Pectoralis (Großer Brustmuskel), aber er nimmt bei den Tauben ein Viertel des Gewichtes des Pectoralis ein und bei einigen Vogelarten sogar ein Drittel.

Die Feldlerche z. B. hat einen großen Supracoracoideus, der für ihren Singflug von Bedeutung ist. Mit ausgebreitetem Schwanz steigt das Feldlerchenmännchen in einer engen Spirale auf eine Höhe von 100 m auf, wobei es gegen den Wind fliegt, um zusätzlichen Auftrieb zu erhalten. Dann rüttelt es für eine Minute oder mehr, bevor es steil zur Erde zurückgleitet. Diese extreme Fähigkeit zum Steigflug ist auch ein Vorteil, wenn die Lerche z. B. von einem Merlin verfolgt wird. Sie kann dann nach oben flüchten und entgeht dadurch dem Merlin, weil dieser nur langsam aufsteigen kann und schließlich aufgibt.

Da es für die meisten Vögel, weil sie einen kleinen Supracoracoideus haben, sehr schwierig ist, vertikal nach oben zu steigen, sind sie oft in einer recht hoffnungslosen Lage, wenn sie z. B. in einen Schornstein geraten, der ihnen als Nistplatz geeignet erscheint. Ihr einziger Ausweg ist dann die Feuerstel-

Oben: Ein Steinkauz, der sich soeben auf seine Beute stürzt. Er verzögert das Öffnen der Flügel, bis er sicher ist, daß kein Hindernis mehr im Weg ist. Dann stößt er herab und schlägt das Opfer, bevor dieses ihn bemerkt hat.

Rechts: Die langen Flügel und kurzen Beine eines Mauerseglers kennzeichnen seine extrem guten Flugfähigkeiten, aber sie erschweren das Starten, es sei denn, der Mauersegler läßt sich einfach von einer Sitzwarte hinunterfallen.

le am Boden des Kamins. Es gibt jedoch keine Probleme für die Schornsteinsegler, die in Kaminen oder am Boden hohler Bäume ihre Nester bauen. Auch für andere Seglerarten, die auf einer Höhe von 70 m unter der Erde in sogenannten Gletschertöpfen brüten, ist das steile Aufsteigen kein Problem. Segler haben einen sehr großen Supracoracoideus, und obschon der europäische Mauersegler nicht rüttelt, ist es doch ein typisches Merkmal vieler anderer Seglerarten.
Gewicht und Körperform stehen zueinander in Beziehung. Viele Flieger, die ansonsten sehr elegant und geschickt fliegen, starten sehr unbeholfen, weil sie nicht energisch genug mit den Flügeln schlagen können, um Auftrieb zu erzeugen, ohne dabei ihre langen Flügel auf den Boden zu schlagen. Die Situation wird sogar noch schlechter, wenn sie sehr kurze Beine haben. Segler z. B. lassen sich wegen ihrer kurzen Beine und ihrer sehr langen Flügel lieber auf Bäumen oder Mauern nieder als auf dem flachen Grund. Jedoch im Gegensatz zu der gebräuchlichen Annahme kann ein Segler immer noch sehr gut abheben, wenn er am Boden sitzt und gestört wird.
Das Startproblem ist sehr akut bei Wasservögeln, die eine hohe Flügelstreckung haben und kurze, aber sehr kräftige Beine, die weit hinten am Körper ansetzen, um ein effektives Schwimmen zu gewährleisten. Die Seetaucher z. B., die eine sehr hohe Flügelflächenbelastung haben und sehr kleine Vorflügel, können nur mit einem langen Anlauf abheben und dann nur langsam aufsteigen. Albatrosse und ihre Verwandten sind fast genauso schlecht darin, aber sie nutzen die Gegebenheiten ihres Lebensraumes und starten im Aufwind von Wellen oder Klippen. Als ich Albatrosse in Süd-Georgia fing, um sie zu beringen, lernte ich den Trick, sie während ihres Aufstiegs im Wind zu fangen. Wenn nur ein schwacher Wind wehte, dann brauchten die Albatrosse eine lange Anlaufstrekke zum Abheben, und so hatte ich meinen Vogel. Aber ein starker Wind verhalf ihnen oft zur Flucht. Mit ihrer Flügelspannweite von 2 Metern und ihren winzig kleinen Beinen, die nicht zum Laufen geeignet sind, haben die Fregattvögel ebenfalls Probleme beim Abheben. Deshalb können sie nicht vom Wasser oder vom flachen Boden starten. Sie setzen sich nur auf Bäume oder auf die Halteseile von Radiosendern, wo sie wieder starten können, indem sie sich einfach von ihrer Sitzwarte hinunterfallen lassen.

Links: Die Stockente hat genug Kraft, um sich direkt von der Wasseroberfläche in die Luft zu erheben. Ihre Flügel sausen dabei durch die Luft, um die Ente nahezu senkrecht aufsteigen zu lassen.

Unten: Dort, wo Mollymauks auf flachem Grund nisten, brauchen sie zum Starten eine mehrere Meter lange Anlaufstrecke.

Landen

Die Geschicklichkeit, mit der Vögel eine präzise und elegante Landung vollziehen, läßt nichts von den Schwierigkeiten erkennen, die sie bei diesem Flugmanöver bewältigen müssen. Ein Vogel muß bei der Landung seine Geschwindigkeit reduzieren, unter Umständen sogar bis weit unter seine minimale Fluggeschwindigkeit, so daß er hinunterkommen kann, ohne sich selber dabei Schaden zuzufügen. Dies ist vor allem für Vögel mit hoher Flächenbelastung, denen das langsame Fliegen schwerfällt, ein Problem. Deshalb tendieren diese dazu, mit sehr viel Schwung zu landen und dann zu laufen, bis sie zum Stillstand kommen. Ähnlich wie beim Abheben muß der Vogel auch beim langsamen Fliegen genügend Auftrieb produzieren, der ihn trägt. Während ein Vogel, der startet, sich selber in den offenen Raum hinein erhebt, wo er große Bewegungsfreiheit hat, ist es beim Landen oft umgekehrt, so daß er in einen engen Raum hineinfliegen und dort landen muß, was einige Gefahren birgt.
Kleine Vögel landen normalerweise ohne Schwierigkeiten. Sie lassen sich einfach herunterfallen und kommen zum Halt, indem sie einige energische Flügelschläge vollziehen. Bei größeren Vögeln, wie Tauben oder Staren, gibt es einen komplizierteren Landungsverlauf.

Die Einleitung der Landung

Die Kunst des Landens besteht darin, auf dem angestrebten Punkt mit der richtigen Geschwindigkeit niederzukommen. Vor der Landung muß der Vogel seine Fluggeschwindigkeit drosseln. Hierzu hält er seine Flügel, vor allem den inneren Flügel, mit hohem Anstellwinkel, so daß der Luftstrom fast abreißt, was an den sich hebenden Deckfedern zu erkennen ist. Ein Flügel, der kurz vor dem Abreißen des Luftstroms steht, erzeugt hohen Auftrieb und Widerstand, was dazu dient, den Vogel in der Luft zu halten, während er die Fluggeschwindigkeit herabsetzt. Das komplette Abreißen des Luftstroms wird verhindert durch den äußeren Flügel, der sich herabdreht, um den Anstellwinkel zu verkleinern. Gleichzeitig öffnet sich der Vorflügel und die Handschwingen fächern sich auf, um den anliegenden Luftstrom über den Flügeln aufrechtzuhalten.
Die Einleitung der Landung aus relativ großer Höhe kann man bei mittelgroßen Vögeln wie Staren, Drosseln und Tau-

Unten: Trotz seiner langen Beine und seiner plumpen Erscheinung landet der Buntstorch vorsichtig und kontrolliert auf einem dünnen Ast.

Rechts: Mit zum Bremsen ausgestreckten Flügeln und nach vorn gestreckten Füßen zum Ergreifen der Sitzwarte vollführt der Nymphensittich eine elegante Landung.

ben gut beobachten. Sie passen ihren Flug an ihren Landeweg an, indem sie die Fluggeschwindigkeit und Sinkgeschwindigkeit verändern, wie bei einer Achterbahnfahrt. Hierbei folgen zwei Prozesse aufeinander: Das Falten der Flügel, was zum Hinunterfallen des Vogels führt, dann das Wiederausfahren der Flügel, welches dem erneuten Einbalancieren des Vogels in eine stabile Fluglage dient. Indem er die Flügelspannweite verkleinert, vergrößert der Vogel den Gleitwinkel, wodurch er abtaucht. Weiterhin wird dadurch aber auch die Geschwindigkeit erhöht, was bei der Landung eigentlich nicht erwünscht ist. Deshalb ist das abwechselnde Öffnen und Schließen der Flügel eine Technik, um den Abstieg zu kontrollieren. Eine Alternative zu der eben beschriebenen Technik ist, die Flügel nach schräg vorn aufzustellen (Anstellwinkel vergrößern), um den Widerstand zu vergrößern und den Vogel für einen Moment abzufangen. Welchen Weg der Vogel auch wählt, das Manöver bringt ihn auf einen bestimmten Punkt, den er zuvor sorgfältig ausgewählt hat.

Gänse müssen sich aus großer Flughöhe möglichst schnell auf den Boden oder auf eine Wasseroberfläche herablassen, um dem Spießrutenlauf möglicher Beutegreifer oder Gewehre zu entgehen. Sie haben einen Trick, bei dem die Schar die Flugformation auflöst, wenn sie sich dem Landeplatz nähert. Die Gänse sausen erdwärts, rollen sich dabei von einer Seite auf die andere, taumeln und fliegen teilweise mit der Unterseite zuoberst, wobei das schneidende Geräusch des Luftstroms, der durch ihre Federn geht, zu hören ist. Schließlich bremsen sie im letzten Moment ab, um in einer normalen Art und Weise zu landen.

Dieses „Hin- und Herkippen“ scheint ähnlich wie die Seitwärtslandung zu sein, die von Piloten der Leichtkraftmaschinen benutzt wird, wenn sie sich der Landepiste aus zu großer Höhe nähern. Eine Seitwärtslage reduziert den Auftrieb und erlaubt somit dem Flugzeug zu sinken, ohne dabei eine zu

Oben: Mit hoher Geschwindigkeit zu landen, ist auf dem Wasser wesentlich einfacher als an Land. Die Büffelkopfente stürzt steil nach unten und benützt bei der Landung ihre Schwimmfüße als Wasserski.

Links: Seine relativ hohe Durchsackgeschwindigkeit erschwert dem Papageitaucher die Landung. Er benutzt deshalb seine Schwimmfüße wie Klappen, die einen zusätzlichen Auftrieb erzeugen.

Oben: Eine Kanadagans im Moment des Aufsetzens auf dem Wasser. Die Flügel haben einen sehr hohen Anstellwinkel und fungieren als Bremsen, aber durch die geöffneten Handschwingen und den Vorflügel bleibt etwas Auftrieb erhalten.

große Geschwindigkeit aufzunehmen. Solch eine Technik könnte sowohl für Gänse nützlich sein, die eine hohe Flügelflächenbelastung haben und sowieso schon eine sehr schnelle und recht unkontrollierte Landung vollziehen, als auch für die Halsbandsegler aus Zentral- und Südamerika, die in Höhlen hinter Wasserfällen brüten. Fledermausfalken, Wanderfalken und andere schnelle Greife versuchen, die Segler zu fangen, wenn sie abends zu ihren Nistplätzen zurückkehren. Aber die Segler umgehen die Feinde, indem sie mit immenser Geschwindigkeit herunterstoßen, wobei die Flügel ausgebreitet sind, um präzise steuern zu können, und dann die „Seitwärtskipptechnik“ benutzen, wodurch sie sicherer ans Ziel gelangen.

Das Ende der Landung

Bei Vögeln kann das letzte Stadium vor der Landung eine Gleitphase sein, wobei die Flügel und der Körper nach hinten geneigt sind. Schließlich führt der Vogel einige energische und übertriebene Flügelschläge aus, die den Eindruck erwecken, daß seine Flügel rückwärts schlagen. Dadurch wird die Fluggeschwindigkeit merklich verringert. In Zeitlupenaufnahmen kann man sehen, daß diese Aktionen ähnlich sind wie die beim Abheben, denn der Vogelkörper ist auch hier nahezu vertikal ausgerichtet, und die Flügel werden nach vorn und nach hinten geschlagen. Die inneren Flügel (Armschwingen) haben jedoch einen sehr hohen Anstellwinkel, und die äußeren Flügel (Handschwingen) sind nahezu horizontal gestellt, so daß durch den Luftstrom, der über den Flügel geht, Auftrieb erzeugt wird. Das Resultat ist, daß der Vogel langsamer wird, bis er fast in der Luft schwebt, und dann langsam und mit möglichst wenig Schwung hinunterkommt.

Im letzten Moment werden die Beine des Vogels nach vorne geworfen, um den Stoß bei der Landung auf dem Boden aufzufangen. Die Landung auf dem Wasser ist einfacher. Wasservögel müssen ihre Geschwindigkeit nicht so sehr herunterschrauben, da sie auf dem Wasser aufsetzen und gleiten können, bis sie zum Halt kommen, wobei sie ihre ausgestreckten Schwimmfüße als Wasserski und gleichzeitig als Bremse benutzen. Trotz ihres Gewichtes und ihrer hohen Landegeschwindigkeit vollziehen Schwäne meist eine sehr anmutige Landung auf dem Wasser, aber wenn sie auf festem Untergrund landen sollen, sind sie sehr unbeholfen.

Einige Wasservögel können ihre Füße nicht als Wasserski benutzen. Seetaucher z. B. haben Füße, die zu weit hinten am Körper angebracht sind. Sie schweben in einem steilen schnellen Gleitflug abwärts, dann balancieren sie aus, so daß sie auf ihrer Brust landen und schließlich auf dem Wasser gleiten, bis sie zum Stehen kommen. Wasserhühner haben ein anderes

Oben: Eine Gans, die sich vor ihrer Landung in eine starke Seitenlage begibt, um schnell an Höhe zu verlieren.

Links: Das Aufsetzen bei der Landung verlangt Sorgfalt. Dieser Trompeterschwan stellt seine Flügel so auf, daß sie eine möglichst große Bremswirkung haben. Sobald er den Boden berührt, wird er durch Laufen den Schwung der Landung abfangen.

Problem. Sie landen mit einer Geschwindigkeit, mit der auch andere Wasservögel landen, aber weil ihre Füße gelappt sind und keine Schwimmhäute haben, laufen sie über der Wasseroberfläche, anstatt auf ihr zu gleiten. Wenn der Auftrieb und die Geschwindigkeit geringer werden, lassen sie zunehmend ihre Beine ins Wasser sinken, bis der Körper dann schließlich auf dem Wasser schwimmt.

Langflügelige Eissturmvögel und Albatrosse können nicht weit durchschlagen, ohne dabei ihre ultra-langen, dünnen Flügel zu beschädigen. Ihre Methode, langsamer zu werden, ohne dabei zuviel Auftrieb zu verlieren, ist, mit ihren Flügeln zu wedeln, wenn sie auf der Landefläche aufsetzen.

Dabei kippen sie die Flügel schnell nach vorn und nach hinten, so daß der Anstellwinkel schnell vergrößert und verkleinert wird. Dies ist kein besonders effektives Bremssystem, und sie landen meist relativ schnell, wenn sie zu ihren Inselkolonien im ruhigen Wasser zurückkehren. Der Albatros hat keine Wahl. Er muß sich mit seiner besten Gleitgeschwindigkeit der Wasseroberfläche nähern, wobei er dann im letzten

Moment langsamer wird, indem er mit den Flügeln wedelt und seine Füße herabläßt. Sein Schwung wirft ihn dann nach vorne auf seine Brust, während er seine Flügel hochhebt, um einer Beschädigung zu entgehen. Aber wenn ein Wind weht, der zusätzlichen Auftrieb liefert, dann gleitet der Albatros langsam vorwärts, wobei er seine Füße herabläßt und mit einer unvergleichbaren Eleganz landet.

Der Blaufußtölpel, eine tropische Art, landet am Rand seiner Kolonie. Indem er sich gegen den Wind stellt, vergrößert er die Bremswirkung, aber seine Füße werden trotzdem den Aufprall abfangen müssen.

Weitere ungeschickte Landungen werden normalerweise von Vögeln unternommen, die nicht sehr gut gleiten können. Trottellummen brüten auf schmalen Felsvorsprüngen und müssen präzise landen können, um eine Kollision mit der Felswand oder mit anderen Lummen zu vermeiden. Sie fliegen den Felsvorsprung von unten her an (Unterfliegungslandung), steigen in einem steilen Winkel nach oben, so daß sie durch die Schwerkraft abgebremst werden. Dann folgt ein schnelles Flügelschlagen, wodurch der letzte Teil der Landung kontrolliert wird. Die Trottellumme schwebt für einen kurzen Moment über dem Vorsprung, um dann auf ihre Füße zu fallen. Diese ballistische Landung wird von vielen anderen Vögeln benutzt, wenn sie auf einer Sitzwarte landen.

Die Kontrolle des Fluges

Es gibt zwei wichtige Punkte bei der Kontrolle des Fluges. Zum einen muß der Vogel die Stabilität aufrechthalten, so daß er auf einem geraden Kurs und auf einer konstanten Höhe bleibt, auch dann, wenn er gegen den Wind ankämpfen muß. Andererseits muß er aber auch in der Lage sein, seinen geraden Kurs zu verlassen, indem er abbiegt, aufsteigt oder abtaucht. Die Probleme der Flugkontrolle beim Vogel sind leichter zu verstehen, wenn man zunächst ein Flugzeug mit unbeweglichen Flügeln betrachtet. Das Flugzeug ist prinzipiell stabil, was bedeutet, daß, wenn es vom geraden Flug in einer Ebene abweicht, Kräfte auf seine Flügel und sein Heck wirken, die es automatisch in die ursprüngliche Lage und damit auf den gewünschten Kurs zurückbringen. Man sagt, das Flugzeug ist getrimmt.

Die Stabilität muß auf drei verschiedenen Achsen kontrolliert werden: da ist zum einen das Kippmoment, das die Rotation des Flugzeuges um seine Querachse darstellt. Wenn die Spitze

Das Landen in der Rückenlage auf dem Rand einer mit Fett gefüllten Kokosnußschale bedarf eines extrem guten Kontrollvermögens, wie bei diesem Kleiber gezeigt wird.

sich abwärts neigt, entsteht eine abwärts wirkende Kraft am Heck, die dafür sorgt, daß die Spitze wieder angehoben wird, bis die stabile Lage wieder hergestellt ist. Dann gibt es das Rollmoment, das die Rotation um die Längsachse des Flugzeuges darstellt. Wenn ein Flügel absinkt, wächst der Auftrieb auf diesem Flügel an, während der Flügel auf der entgegengesetzten Seite Auftrieb verliert. Das Giermoment ist die Rotation um die laterale Achse (Hochachse), die durch das Heck kontrolliert wird. Manöver, wie Wenden, In-die-Kurve-Gehen, Aufsteigen und Absteigen, werden durch den Piloten hervorgerufen, der die natürliche Stabilität des Flugzeuges überwindet, indem er Kräfte an den Flügeln und am Heck wirken läßt, die das Flugzeug in die gewünschte Richtung bringen.

Das Flugzeug so zu trimmen, daß es auf einer geraden Linie fliegt, ohne daß es der ständigen Aufmerksamkeit des Piloten bedarf, war das schwierigste Problem, dem die Pioniere des Fluges gegenüberstanden, und die Tagebücher von Wilbur Wright zeigen, daß er viel Zeit damit verbracht hat, Vögel zu beobachten, um die Lösung dafür herauszufinden.

Für die Gebrüder Wright jedoch war es eine Sackgasse, die Vögel zu kopieren, weil der Vogel notgedrungenerweise unstabil sein muß. Stabilität mag zwar vernünftig sein, aber Vögel haben sich in die entgegengesetzte Richtung entwickelt. Der lange Schwanz des *Archaeopteryx* gab ihm Stabilität, aber

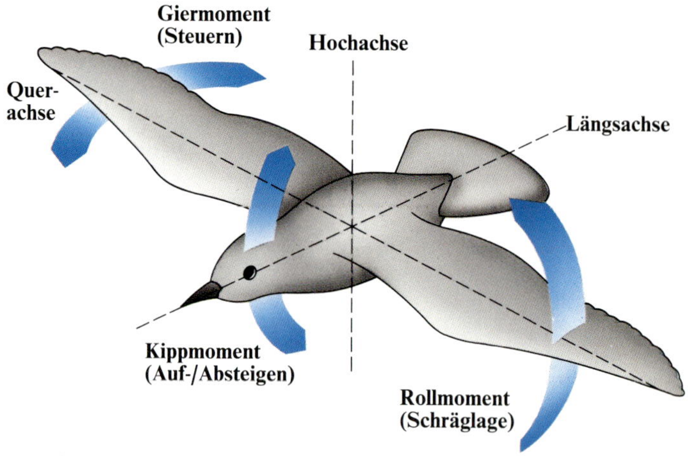

Oben: Die drei Achsen, die für die Flugkontrolle von Bedeutung sind: die Querachse, die Längsachse und die Hochachse. Die entsprechenden Drehmanöver um diese Achsen sind in der Abbildung in Klammern angegeben.

Unten: Gleitende Vögel, wie Weihen und Milane, können ihre Flügel in einer flachen V-Stellung halten. Diese Stellung korrigiert automatisch die Rollbewegung, d. h. die Bewegung um die Längsachse. Wenn der Vogel sich zu einer Seite neigt, erzeugt der untere Flügel mehr Auftrieb, während der obere an Auftrieb verliert.

Oben: Die Prachtfregattvögel haben eine negative V-Stellung der Flügel – die Flügelspitzen sind nach unten abgewinkelt. Dies erhöht ihre Manövrierfähigkeit, die sie auch einsetzen, um anderen Vögeln ihre Nahrung abzujagen.

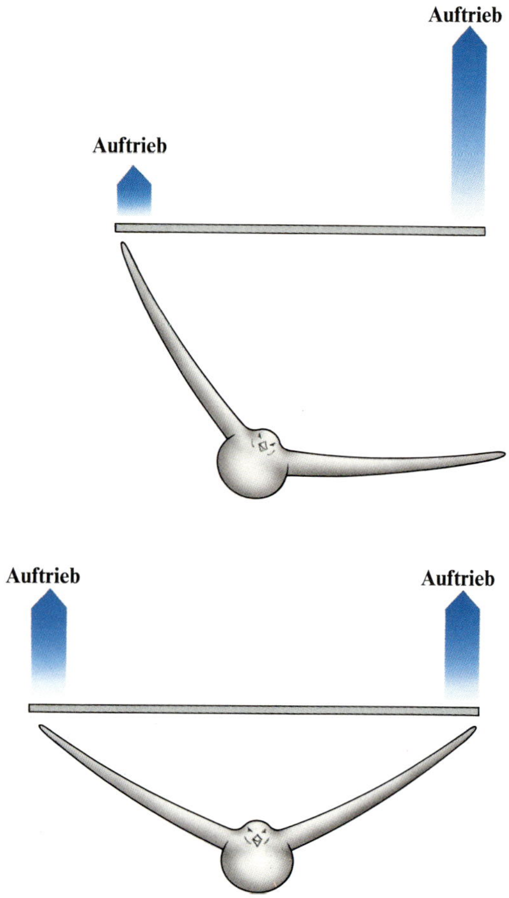

Oben: Das Resultat ist, daß sich der Vogel in eine gerade Stellung zurückdreht und wieder eine stabile Fluglage einnimmt, wenn der Auftrieb auf beiden Flügeln ausbalanciert ist. Diese V-Stellung der Flügel kann bei landenden Tauben häufig beobachtet werden.

er war aufgrund seines hohen Widerstandes aerodynamisch uneffektiv, und er setzte deshalb die Manövrierfähigkeit stark herab. Der Vorteil des Stabilitätsverlustes ist die größere Manövrierfähigkeit, denn es ist einfacher, ein unstabiles Flugzeug auf einen neuen Kurs zu bringen als ein stabiles Flugzeug. Der heutige Vogel fliegt geradlinig, indem er kleine kontinuierliche Bewegungen mit den Flügeln und dem Schwanz macht. Gelenkt wird das ganze von einem übergeordneten Kontrollzentrum im Gehirn. Die Gebrüder Wright mußten ihre führende Position an andere europäische Pioniere abgeben, die ihr Flugzeug stabilisierten, wodurch es leichter zu fliegen war.

Eine gewisse angeborene Stabilität ist jedoch auch bei den Vögeln erhalten geblieben. Ihre Körper hängen unter den Flügeln und funktionieren wie der Ballast eines Schiffes, der dazu dient, das Schiff in aufrechter Position zu halten. Einige Arten halten aus diesem Grund ihre Flügel in einer V-Stellung, wenn sie gleiten. Diese Stellung stabilisiert das Rollmoment. Angehobene Flügel produzieren weniger Auftrieb. Wenn der Vogel zur Seite kippt, gewinnt der niedrigere Flügel an Auftrieb und wird wieder hochgezogen, bis sein Auftrieb wieder gleich groß ist wie der Auftrieb auf dem gegenüberliegenden Flügel und der Vogel wieder in der ursprünglichen Position ist. Diese V-Stellung wird bei Tauben benutzt, wenn sie abwärts gleiten, um zu landen, und bei Weihen und Milanen, um eine stabile Fluglage zu haben, wenn sie auf der Suche nach Beute tief über dem Boden dahingleiten. Fregattvögel hingegen müssen unstabil sein, um somit eine größere Manövrierfähigkeit zu haben. Sie nutzen die negative V-Stellung, wobei ihre Flügel nach unten abgewinkelt sind, was ihnen ermöglicht, unglaublich schnelle Richtungswechsel zu machen.

Bei der aktiven Kontrolle der Stabilität sind die Flügel von größerer Bedeutung als der Schwanz, wie viele Vögel, bei denen die Schwanzfedern verlorengingen, gezeigt haben. Wenn Sie einen Vogel in der Hand halten und ihn um die Hochachse oder um die Quer- oder Längsachse drehen, so wird er Kompensationsbewegungen mit den Flügeln und dem Schwanz ausführen, die ihn, wenn er fliegen würde, auf einen geraden und ebenen Kurs zurückbringen würden.

Um die Drehung um die Querachse (Neigung) zu kontrollieren, sollte man den Vogel mit dem Kopf nach unten kippen, so, als würde er abtauchen. Dann wird der Schwanz hochkippen, so daß, wenn der Vogel in der Luft wäre, der Kopf wieder höher kommen würde. Umgekehrt, wenn man den Vogel nach hinten kippt, wird der Schwanz nach unten gerich-

Der Sperber benötigt ein großes Manövriervermögen für seine Jagd, bei der er mit hoher Geschwindigkeit durch Lücken in der Vegetation steuern muß.

Ein gleitender Vogel erhöht seine Fluggeschwindigkeit, indem er die Flügel zum Teil einfaltet. Dadurch wird das Druckzentrum (an dem die aerodynamischen Kräfte wirken) hinter den Körperschwerpunkt verschoben, also von A nach B. Der Körper neigt sich nach unten und wird beschleunigt.

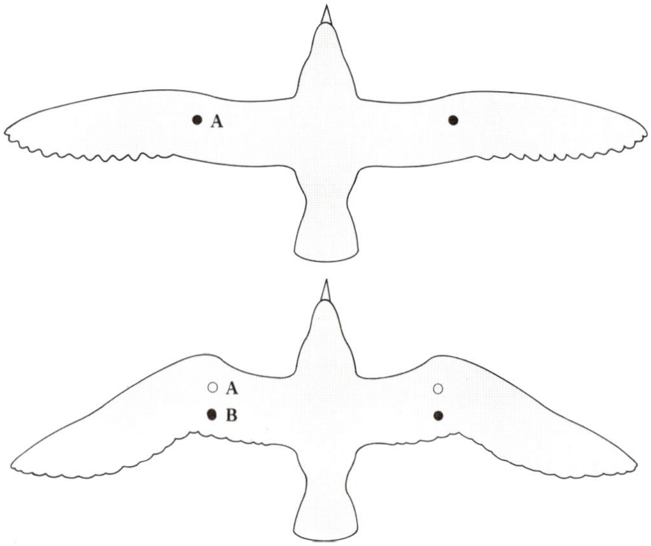

tet, um den Körper wieder in eine gerade Lage zu bringen. Wenn die Flügel frei sind und der Vogel sich nicht sträubt, dann führen dieselben Kippbewegungen dazu, daß die Flügel nach vorne schwingen, wenn der Körper nach unten kippt, und rückwärts, wenn er nach oben geneigt wird. Der Effekt dieser Bewegung ist, daß das Druckzentrum, der Punkt auf der Tragfläche, an dem der Auftrieb wirkt, verschoben wird. Beim freien Gleiten bewegt das Vorwärtsschwingen der Flügel das Druckzentrum rückwärts und bringt den Kopf nach oben und hinten. Wenn der Kopf jedoch nach oben gekippt wird, schwingen die Flügel nach hinten, um diese Bewegung zu kompensieren. Derselbe Effekt wird durch das Ändern des Anstellwinkels erreicht: Indem man den Winkel vergrößert, wandert das Druckzentrum nach vorne.

Wenn man den Vogel auf die Seite dreht, macht er einen Schlag mit dem unteren Flügel, was im Flug dazu führen würde, daß der Auftrieb auf diesem Flügel vergrößert wird, wodurch dieser angehoben wird, bis die Flügel wieder auf gleicher Ebene sind. Dies ist eher eine übertriebene Reaktion, und in der Praxis sind meist nur leichte Drehungen und Bewegungen der Flügel nötig, um den Auftrieb auf einer Seite zu vergrößern oder zu verkleinern und somit das Gleichgewicht wieder herzustellen.

Ein freifliegender Vogel benutzt ein schnelles Flügelschlagen, um eine ungewollte Drehung um die Längsachse zu vermeiden, aber ohne ein Schwanzende hat der Vogel keine natürliche Stabilität gegenüber einer Drehung um die Hochachse, und er muß dann kontinuierliche Korrekturen vornehmen, um sich davor zu schützen, daß er wie ein Wetterhahn in einem stürmischen Wind hin- und herschwingt. Wenn der Vogel beginnt, sich um die Hochachse zu drehen, dann wird der äußere Flügel ausgebreitet und so gedreht, daß der Anstellwinkel der Situation angepaßt wird, wobei der Widerstand zunimmt, ohne den Auftrieb zu verändern, und dadurch dem Schwingen entgegengewirkt wird.

Die Kontrollbewegungen bei einem gleitenden Vogel, der sich dreht, wurden von Walter Newmark, einem Segelflieger, beschrieben, der von James Fisher in seinem Buch ‚Der Eissturmvogel' (1952) zitiert wurde. Er verglich den Eissturmvogel mit hochbeweglichen Segelflugzeugen. Newmark schrieb: ‚Die Schwanzmuskeln sind extrem stark und gut ausgebildet. Sie sind dazu in der Lage, den Schwanz so zu verwinden, daß eine Seite nach oben und eine Seite nach unten zeigt, und gleichzeitig dreht sich damit der gesamte Schwanz, so daß sich der Vogel in die Kurve legt, ohne dabei die Kontrolle über die Querrichtung zu verlieren. Dann folgt eine Drehbewegung, bei der der Schwanz parallel zum Horizont und leicht nach unten gedrückt wird.' Die Kurvenlage oder Neigung ist notwendig, um ein seitliches Abrutschen zu vermeiden, denn das Drehen erzeugt eine Zentrifugalkraft, die den Vogel aus der Kurve trägt. Indem er die Flügel kippt, richtet er den Auftrieb nach innen, um die Zentrifugalkraft zu verringern, und je enger die Kurve ist, um so steiler muß die Kurvenlage sein.

Newmark stellte weiterhin fest, daß Eissturmvögel eine alternative Methode zum Wenden haben, bei der sie den inneren Flügel so hinunterdrücken, daß sie einen negativen Anstellwinkel zur Anströmung haben. Dieses veranlaßt den Vogel, in eine Kurvenlage zu gehen. Dann dreht er seinen Schwanz nahezu in die Vertikale und benutzt ihn als Ruder. Aber wie auf vielen Fotografien zu erkennen ist, besteht die Hauptmethode des Steuerns bei den Vögeln generell darin, die Technik des Ruderers zu benutzen, der an einem Ruder sehr stark zieht, während er mit dem anderen Ruder gegenhält. Georg Rüppell filmte einen Gartenrotschwanz mit 1600 Bildern pro Sekunde, während dieser sich seinem Nistkasten näherte. Er

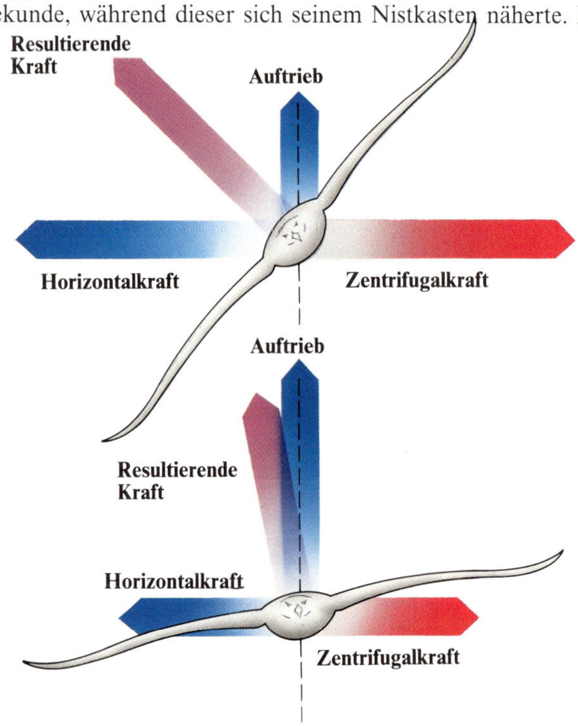

Oben: Wenn der Vogel eine Kurve fliegt, neigt er sich zur Seite, um zu vermeiden, daß er aus der Kurve herausgetragen wird. Er neigt seine Flügel, so daß der Auftrieb die zum Innern der Kurve hin wirkende Kraft vergrößert und der Zentrifugalkraft entgegenwirkt.

Rechts: Eine Schnee-Eule benutzt ihren Schwanz als vertikales Ruder beim Kurvenfliegen.

konnte zeigen, daß der Rotschwanz sich mit einem einzigen Flügelschlag, der nur 0,05 Sekunden dauerte, um 180° drehen konnte. Der Flügel auf der äußeren Seite der Drehrichtung schlägt tief durch, um den Schwung zu vergrößern, während der innere Flügel mit einem hohen Anstellwinkel aufgestellt wird, um den Widerstand zu vergrößern. So vollführt der Vogel eine Pirouette. Der Vorteil, den der Vogel gegenüber dem Ruderer hat, ist, daß der innere Flügel gegenhält, ohne den Rhythmus des Flügelschlags zu unterbrechen.
Ein langer Schwanz unterstützt extreme Manöver, vor allem bei Vögeln mit gegabelten Schwänzen, wie Schwalben, Seeschwalben, Bienenfressern und Fregattvögeln. Aber keine dieser Arten kann mit dem Schwalbenschwanzaar konkurrieren. Elliott Coues schrieb 1874, als die Art in Nordamerika noch weit verbreitet war: ‚Der Aar kreist durch die Luft mit einer Anmut und Leichtigkeit, daß es vollkommen vergeblich erscheint, mit ihm wettstreiten zu wollen. Mit einem Schlag der dünnen Flügel oder durch einen Schlag mit dem gegabelten Schwanz wird sein Flug blitzschnell von einer Seite auf die andere verlagert oder für einen kurzen Moment aufgehalten. Nun stößt er mit unglaublicher Schnelligkeit herab. Er greift seine Beute, ohne zu zögern, und trägt den sich sträubenden Gefangenen in die Luft. Er hält die Beute mit seinen Klauen fest und frißt sie während des Fluges. Dabei steigt er kreisförmig nach oben, bis er nur noch ein Fleck am Himmel ist und schließlich vollständig verschwindet.‘
Bei den meisten Vögeln spielt der Schwanz wahrscheinlich nur eine untergeordnete Rolle beim Steuern, wie beim Gaukler auf sehr spektakuläre Weise demonstriert wird. Diesen kleinen Adler sieht man normalerweise hoch über dem Boden gleiten oder schnell auf geradem Kurs über der afrikanischen Savanne dahinjagen, wobei seine Silhouette unverkennbar ist, weil sie fliegenden Flügeln gleicht. Er hat lange Flügel, die mehr sekundäre Schwungfedern haben als bei irgendeinem anderen Greifvogel, aber der Schwanz ist so kurz, daß die Beine dahinter herausragen. Bei der Balz und bei der Verteidigung seines Reviers verwandelt sich der Gaukler in einen Luftakrobaten. Er führt atemberaubende Kunstflüge aus mit engen Wendungen, Saltos und hochgeschwindigen Seitenlagen. Der Schwanz kann nur sehr wenig ausrichten, aber durch geringe Lageveränderungen der breiten Flügel mit ihren tief eingekerbten Handschwingen schleudert der Adler durch die Luft.

Unterstützt durch seinen Schwanz und seine Füße, benutzt der Mollymauk leichte Veränderungen der Flügelstellung zur Erhaltung der Stabilität, wenn er auf der Suche nach einem Landeplatz langsam über die Klippen segelt.

Die Feinkontrolle

Manöver, wie die Landung auf einem Ast oder das Aufnehmen von Futter im Flug, erfordern eine sehr gut abgestimmte Koordination zwischen den Sinnesorganen und den Muskeln. Es ist nur wenig darüber bekannt, wie die Vögel diese Feinkontrolle der Flugbewegungen vornehmen. Es müssen auf jeden Fall der Gleichgewichtssinn und der Lichtsinn eine große Rolle dabei spielen. Weiterhin muß das Gehirn Informationen über die Lage der Flügel und über den Luftstrom auf der Flügeloberseite erhalten. Als die ersten vogelähnlichen Reptilien auf Bäume kletterten, um dann herunter zu springen, angenommen die „Baum-abwärts-Theorie" sei richtig, müssen sie einen sehr sensiblen Gleichgewichtssinn entwickelt haben.

Ein Weißkopfseeadler stößt mit hoher Geschwindigkeit herab. Er behält die Kontrolle über den Flug durch eine fein abgestimmte Koordination zwischen den Sinnesorganen und der Flügel- und Schwanzmuskulatur. Sein rechter Flügel ist zum Teil zusammengefaltet, um eine scharfe Rechtsdrehung zu erreichen.

Dies ist im Laufe der Entwicklung verbessert worden, als der Pro-Avis dann den Schlagflug entwickelte.
Die Fossilien des *Archaeopteryx* zeigten, daß er ein gut entwickeltes Kleinhirn hatte, das ist der Teil des Gehirns, der die Koordination der Muskeln kontrolliert. Als die Nachfolger des *Archaeopteryx* ihren langen stabilisierenden Schwanz verloren, wurde die Notwendigkeit, ein Gehirn zu entwickeln, das schnelle und präzise Bewegungen regulieren kann, zunehmend größer. Um das Gehirn mit der Information zu versorgen, die es benötigt, um die Flügel- und Schwanzmuskeln zu kontrollieren, haben die Vögel einen ausgesprochen leistungsfähigen Gesichtssinn entwickelt.
Weiterhin werden die Bewegungen des Luftstroms über der Körperoberfläche durch kleine haarähnliche Federn mit mechanischen Sensoren registriert.
Ein Problem, das weder von Piloten noch von Vögeln bisher gelöst wurde, ist, wie man aufsteigende oder absteigende Luftströme, Thermikströmungen und andere Luftströmungen oder Turbulenzen im voraus erkennen kann. Neal Smith beobachtete eine Schar von Präriebussarden, die plötzlich aus einer Höhe von 1000 m abstiegen und trotz kräftigen Flügelschlagens in eine Baumgruppe stürzten. Turbulenzen in Bodennähe sind eine Ursache für Unfälle bei Flugzeugen, wenn diese abheben oder landen, weil sie plötzlich ihren Auftrieb

verlieren. Ich habe von einem Singschwan gehört, der in einem Unwetter gut fliegen konnte, aber schließlich abstürzte, als er auf Turbulenzen an einem Flußdamm traf.
Die Meister der Flugkontrolle sind die räuberischen Vogelarten, die sich einer sich bewegenden Beute mit hoher Geschwindigkeit nähern und sie dann ergreifen müssen, ohne sich selbst dabei zu verletzen. Dazu wird eine präzise Koordination zwischen Auge und Flügel benötigt; der Vogel muß die Geschwindigkeit und den Kurs des Opfers berechnen und seine eigene Flugbahn anpassen, so daß er gleichzeitig mit der Beute am Schnittpunkt dieser beiden Bahnen ankommt. Es ist wie bei einem Tennisspieler, der über das Feld jagt, um den Ball zurückzuschlagen, mit dem Unterschied, daß für den Vogel ein Versagen bestenfalls bedeutet, daß ihm eine Mahlzeit entgangen ist und schlechtestenfalls, daß er sich bei einer ungeschickten Kollision eine Verletzung zuzieht.
Die Abfolge der Bewegungen beim Angriff eines Greifvogels auf seine Beute ist für das menschliche Auge zu schnell, um sie im Detail registrieren zu können, aber sie kann mit Hilfe von Zeitlupenaufnahmen sichtbar gemacht werden. Die Analyse des Bewegungsablaufes eines Habichts, der eine Taube fängt, zeigte, daß der Habicht seinen Schlagflug 8–9 m vor der Taube einstellte und seine Beine vorschnellte, als er 1,5–2 m von ihr entfernt war. Dies geschah nur 100 Millisekunden (ms) vor dem Ergreifen der Beute. Trotzdem hatte der Habicht immer noch Zeit, seine Beine nach vorne zu werfen, so daß seine Klauen die Beute bei 80 km/h ergriffen. Dies war die doppelte Geschwindigkeit, die sein Körper zu diesem Zeitpunkt besaß. Zur selben Zeit warf der Vogel seinen Körper nach oben, so daß die Flügel und der ausgebreitete Schwanz in maximaler Bremsposition standen, um ein Vorbeischießen an der Beute zu vermeiden.
Um solch eine Attacke durchzuführen, muß der Vogel seine Augen die ganze Zeit auf das Opfer gerichtet halten, wie ein Tennisspieler permanent auf den Ball achten muß. Der Vogel wird darin durch die Fähigkeit unterstützt, den Kopf horizontal halten zu können, während sein Körper hin und her schaukelt. Es gibt Beweise dafür, daß das Vogelgehirn in derselben Weise arbeitet wie das Gehirn von Athleten. Das Gehirn kann den Zeitpunkt, an dem der Vogel die Beute ergreifen

Baßtölpel jagen, indem sie hoch über dem Wasser fliegen, bis sie einen Fisch in der Nähe der Wasseroberfläche erblickt haben (rechts). Dann tauchen sie kopfüber ins Wasser ein (oben). Hierbei benötigen sie ein perfektes Timing, um Verletzungen zu vermeiden.

Eine Schar von Wellensittichen läßt sich am Rand eines Wasserlochs nieder. Beim Absteigen ist der Schwarm noch gut geordnet, aber beim Landen besteht eine relativ große Kollisionsgefahr, da die Vögel meist auf sehr engem Raum niederkommen.

muß, berechnen, weil es die auf der Retina des Auges sich ändernde Bildgröße der sich nähernden Beute registrieren kann. Ein Kricket-Spieler benutzt dieses System, um den Ball innerhalb von 10 ms zu fangen, und ein Vogel arbeitet wahrscheinlich genauso akkurat.

Tölpel können fischen, indem sie aus einer Höhe von 30 m kopfüber ins Wasser tauchen. Sie halten ihre Flügel halb geöffnet, damit sie während ihres Falls steuern können, aber einen Bruchteil einer Sekunde bevor sie die Beute ergreifen, werfen sie ihre Flügel nach hinten und tauchen in das Wasser ein wie ein Pfeil. Sie müssen das Zurückwerfen der Flügel so lang wie möglich hinausziehen, damit sie die Möglichkeit zum Steuern haben, aber sie dürfen nicht zu lang warten, sonst werden die Flügel beim Eintauchen beschädigt. Ähnlich wie ein Vogel, der seine Beute mitten in der Luft ergreift, errechnet auch der Tölpel den richtigen Moment, um seine Flügel nach hinten zu werfen, indem er die Größenänderung der auf seiner Retina entstehenden Bilder registriert, anstatt die Flügel einfach bei einer bestimmten Höhe über der Wasseroberfläche oder nach einer bestimmten Zeit nach hinten zu werfen. In der Praxis bedeutet dies, daß er die Flügel um so eher nach hinten werfen wird, je höher seine Fluggeschwindigkeit ist.

Reaktionen, die in Bruchteilen von Sekunden ablaufen müssen, sind auch bei Vögeln, die in Schwärmen fliegen, erforderlich. Ein großer Schwarm, der als dichte Masse abhebt, stellt ein eindrucksvolles Bild dar. Stare, Rotschulterstärlinge, Webervögel und andere Arten fliegen in einer so großen und dichten Masse auf, daß kaum noch Licht zwischen den schlagenden Flügeln hindurchkommt und die Szenerie hinter ihnen nicht mehr zu sehen ist. Es gibt wenig Raum zum Manövrieren innerhalb eines solchen Schwarms, und die Vögel scheinen in ständiger Kollisionsgefahr zu sein. Trotzdem schaffen sie es, aufzufliegen und gemeinsam die Richtung zu wechseln durch ihr bewundernswertes Koordinationsvermögen.

Die Vögel, die normalerweise in einem dichten Schwarm fliegen, sind nicht besonders manövrierfähig. Kollisionen bei Staren sind beim Verlassen ihres Schlafplatzes üblich. Aber zu diesem Zeitpunkt sind sie noch nicht formiert. Wenn sich die Schar einmal formiert hat, dann hat jeder Vogel seinen eigenen Raum, und sie steuern nach links und nach rechts und neigen sich nach oben und nach unten, ohne daß dabei Unfälle passieren. In den 20er Jahren beschrieb der Staatsmann Lord Grey den Abendflug von Staren:

‚Sie fliegen dann mit hoher Geschwindigkeit über ihrem Schlafplatz: Eine gewaltige Kugel von mehreren tausend Vögeln. Sie fliegen nah beieinander, machen neue Formationen und schnelle und geschickte Wendungen, trotzdem gibt es keine Kollisionen: Der Impuls für eine schnelle Bewegung oder eine Richtungsänderung scheint alle Vögel gleichzeitig zu erreichen. Es scheint, als hätten die Vögel, wenn sie im

Oben: Rotschulterstärlinge, die gestört werden, fliegen panikartig in alle Himmelsrichtungen auf.

Unten: Einen Augenblick später haben sie sich jedoch bereits formiert und fliegen alle in dieselbe Richtung.

Schwarm fliegen, es aufgegeben, jeder für sich eine separate Einheit darzustellen, und bilden stattdessen Teile eines einheitlichen Ganzen: ein großer Körper, dessen Einzelteile sich koordiniert durch einen gemeinsamen Impuls oder Willen bewegen, und dieser Impuls wirkt auf alle im selben Moment.'

Die Koordination der Bewegungen ist nur für das menschliche Auge simultan. Wenn die Bewegungen durch eine Filmkamera verlangsamt werden, kann man erkennen, daß eine Bewegungswelle durch den Schwarm geht, aber jeder Vogel scheint auf seinen Nachbarn schneller zu reagieren, als es die Reaktionszeit des Auges, der Nerven und der Muskeln eigentlich ermöglichen kann.

Die Lösung dieses Problems scheint am Beispiel der Revuegirls, die in einer Reihe tanzen, ersichtlich zu werden. Ein Schrittwechsel geht von einer Tänzerin zur nächsten schneller als die normale Reaktionszeit von 200 ms, die ein Mensch normalerweise braucht, um auf visuelle Reize zu reagieren. Jede Tänzerin beobachtet den näherkommenden Schrittwechsel entlang der Linie, anstatt ihren Einsatz von der Reaktion ihrer direkten Nachbarin abhängig zu machen.

Wenn ein Vogel in einem Schwarm beschließt, zur Seite abzuwenden, dann reagieren seine Nachbarn sofort darauf und nehmen ebenfalls den neuen Kurs auf. Die Vögel neben diesen wiederum reagieren etwas später, aber während sich die Bewegung durch die Schar fortsetzt, erfolgen die Reaktionen schneller. Die Vögel nehmen den Impuls, ähnlich wie die Tänzerinnen, von Individuen, die mehrere Plätze weit von ihnen entfernt sind.

Der Flugstil

Die 9200 Vogelarten, die es gibt, haben viele verschiedene Flugstile entwickelt, wodurch das grundlegende Muster des Schlagfluges, das in den vorhergehenden Kapiteln beschrieben wurde, variiert wird. Diese Techniken sind Anpassungen an das Verhalten und die Ökologie der einzelnen Arten. Im Zuge dieser Anpassungen treten Variationen in der Flügel- und Schwanzstruktur auf, um die mechanische Leistungsfähigkeit zu verbessern, sowie Änderungen im Flugstil, die meist darauf abzielen, beachtliche Energiemengen einzusparen.

Ein Schwarm Falklandseeschwalben über ihrer Nistkolonie. Wenn ein Räuber zu nah an die Nester herankommt, wird er von den Seeschwalben durch Sturzflüge attackiert.

Flügelformen und Flugweisen

Ein Vogel, der auf einem geraden und konstanten Kurs fliegt, indem er mit den Flügeln schlägt, verbraucht große Mengen an Energie. Deshalb ist es offensichtlich von Vorteil, diesen Treibstoffverbrauch so weit wie möglich herunterzuschrauben. Ökonomie kann erreicht werden, indem man Flügelform und Flugstil den Lebensbedingungen anpaßt. Bestimmte Regeln jedoch gelten für alle Vögel: der Schlagflug ist energiesparender, wenn die Flügel groß sind, so daß eine geringe Flügelflächenbelastung vorhanden ist, und wenn die Spannweite der Flügel groß ist, wodurch der induzierte Widerstand verkleinert wird. Ein Vogel braucht jedoch Flügel, die in erster Linie an seinen Lebensstil angepaßt sind. Ökonomie wird weiterhin durch Gleiten und durch andere Flugtechniken erzielt.

Lange Flügel sind nur für solche Vögel praktisch, die hauptsächlich in der Luft leben, so wie Albatrosse und ihre Verwandten, für Fregattvögel, Mauersegler und Schwalben, die Insekten im Flug fangen, weiterhin für Falken, die über der offenen Landschaft jagen, und für viele Seevögel. Schwalben sind länger als die Hälfte des Tages in der Luft, und Mauersegler verbringen fast ihr ganzes Leben in der Luft. Konsequenterweise besteht für diese Arten die Notwendigkeit zu einem wenig anstrengenden Flug, und der wird durch lange Flügel und geringe Flügelflächenbelastung gewährleistet.

Es gibt mehrere Gründe, die lange, schmale, aerodynamisch leistungsfähige Flügelform aufzugeben: Große Vögel können nicht beliebig lange Flügel haben, da lange Flügel strukturell schwach und daher schwer zu kontrollieren sind. Deshalb haben einige große Gleitvögel, wie Geier, Kraniche, Störche und Pelikane, kürzere Flügel entwickelt, die mit eingekerbten Handteilen zur Reduktion des induzierten Widerstandes versehen sind. Wie Colin Pennycuick schon herausgestellt hat, könnte ein Geier besser gleiten, wenn er den Umriß eines Albatrosses hätte. Aber die Natur ist voll von Kompromissen, und ein großer Vogel mit langen schmalen Flügeln könnte nur sehr schwer vom Boden abheben, während er mit Flügeln, die eine geringe Flügelstreckung und Spalten an den Seiten der Handschwingen haben, hohe Kraft und geringe Fluggeschwindigkeiten entwickeln kann. Andere Vögel müssen schnell fliegen können und eine hohe Flügelstreckung haben, um den induzierten Widerstand zu verkleinern. Aber ein insgesamt kleinerer Flügel hat eine höhere Flügelflächenbelastung zur Folge. Dies zeichnet die Flügel schnell fliegender

Rechts: Die schmalen, spitz zulaufenden Flügel eines Bienenfressers kennzeichnen den Luftjäger, der seine Beute im offenen Luftraum fängt.

Unten: Die breiten runden Flügel des Doppelhornvogels sind gut geeignet, um durch die Baumkronen des Waldes zu manövrieren.

Art	Flügelflächen-belastung (g/cm^2)	Flügelstreckung	Durchsack-geschwindigkeit (km/h)
Trauerschnäpper	0,13	5,9	13,7
Zaunkönig	0,24	6,9	18,4
Turmfalke	0,35	7,7	22,3
Fregattvogel	0,50	12,6	26,6
Ringeltaube	0,52	6,3	27,3
Gänsegeier	0,70	6,2	31,7
Fasan	1,04	4,6	38,5
Stockente	1,20	9,0	41,4
Wanderalbatros	1,37	18,7	44,3

Diese Tabelle zeigt die Beziehungen zwischen der Flügelflächenbelastung, der Flügelstreckung und der minimalen Fluggeschwindigkeit. Die Durchsackgeschwindigkeit ist die Geschwindigkeit, bei der ein Schlagflug benötigt wird, damit der Vogel nicht senkrecht zu Boden fällt. Achten Sie auf die hohe Flügelflächenbelastung und hohe Durchsackgeschwindigkeit der Stockente, sowie auf die hohe Flügelstreckung, niedrige Flügelflächenbelastung und geringe Durchsackgeschwindigkeit des Fregattvogels. Der Wanderalbatros ist im Vergleich zum Gänsegeier, der langsamer gleitet, aber engere Kurven fliegen kann, ein schneller Gleiter mit einer hohen Flügelflächenbelastung und Flügelstreckung. Der Trauerschnäpper hat etwa das gleiche Gewicht wie der Zaunkönig, aber seine niedrige Flügelflächenbelastung macht ihn manövrierfähiger. Die hohe Flügelflächenbelastung und die niedrige Flügelstreckung des Fasans bewirken im Zusammenhang mit einer starken Flugmuskulatur eine Anpassung an das Leben in Wäldern.

Enten und Watvögel aus, welche deshalb sehr schlechte Gleiter sind.

Vögel, die in Baumkronen leben, würden durch lange Flügel sehr stark behindert werden, und sie haben deshalb den Vorteil der langen Flügel eingetauscht gegen die Annehmlichkeiten eines kurzen Flügels. Die Flügel der Waldvögel sind üblicherweise stumpf, wie bei Spechten, Eichelhähern, Elstern, Hornvögeln, Tukanen und Zaunkönigen, und es ist interessant, den Kontrast zwischen Waldvögeln und ihren Verwandten in der offenen Landschaft zu betrachten. So hat die Sumpfohreule, die über der offenen Landschaft jagt, längere, schmalere und spitzer zulaufende Flügel als der Waldkauz, der ihr Gegenstück im Wald darstellt. Letzterer hat eine höhere Flügelflächenbelastung als die Sumpfohreule, und seine schnellen flachen Flügelschläge sind eine Hilfe beim Agieren in engen Räumen.

Der Flugstil hält die Schwalben und die Mauersegler davon ab, im Wald zu leben, wo ihr Platz als Jäger der Fluginsekten von den Fliegenschnäppern eingenommen wird. In ähnlicher Weise werden die Falken und Weihen der offenen Landschaft im Wald durch die Habichte und Sperber ersetzt. Die energetischen Kosten des Fluges sind bei Waldvögeln aufgrund ihrer kurzen breiten Flügel und der daraus resultierenden geringeren Flügelstreckung relativ hoch. Die Fliegenschnäpper baumreicher Gebiete halten die Kosten für den Flug niedrig, indem sie auf einer Warte sitzen und lediglich kurze Jagdflüge auf die vorbeifliegenden Insekten unternehmen. Diese Technik ist bei den Meisen, die sich von Insekten unter dem Laubwerk ernähren, weiterentwickelt worden. Ihre Flügelstrek-

Rechts: Eine Wasseramsel fliegt mit schnellen schwirrenden Flügelschlägen, wobei sie in kurzen raschen Flügen den Fluß auf und ab patrouilliert.

Die langen spitz zulaufenden Flügel der Albatrosse und Sturmschwalben und die breiten aufgefingerten Flügel der Weihen und Geier sind gut geeignet für das Gleiten im offenen Gelände. Relativ kleine Flügel in Verbindung mit einem schnellen Flug sind für die Langstreckenzüge der Regenpfeifer und anderer Watvögel optimal. Im Gegensatz hierzu werden die kurzen Flügel der Eichelhäher und der Katzendrosseln gebraucht, um durch Laubwerk zu manövrieren. Die spitz zulaufenden Flügel des ziehenden Schilfrohrsängers sind besser geeignet für einen Langstreckenzug als die runden Flügel des Mariskensängers.

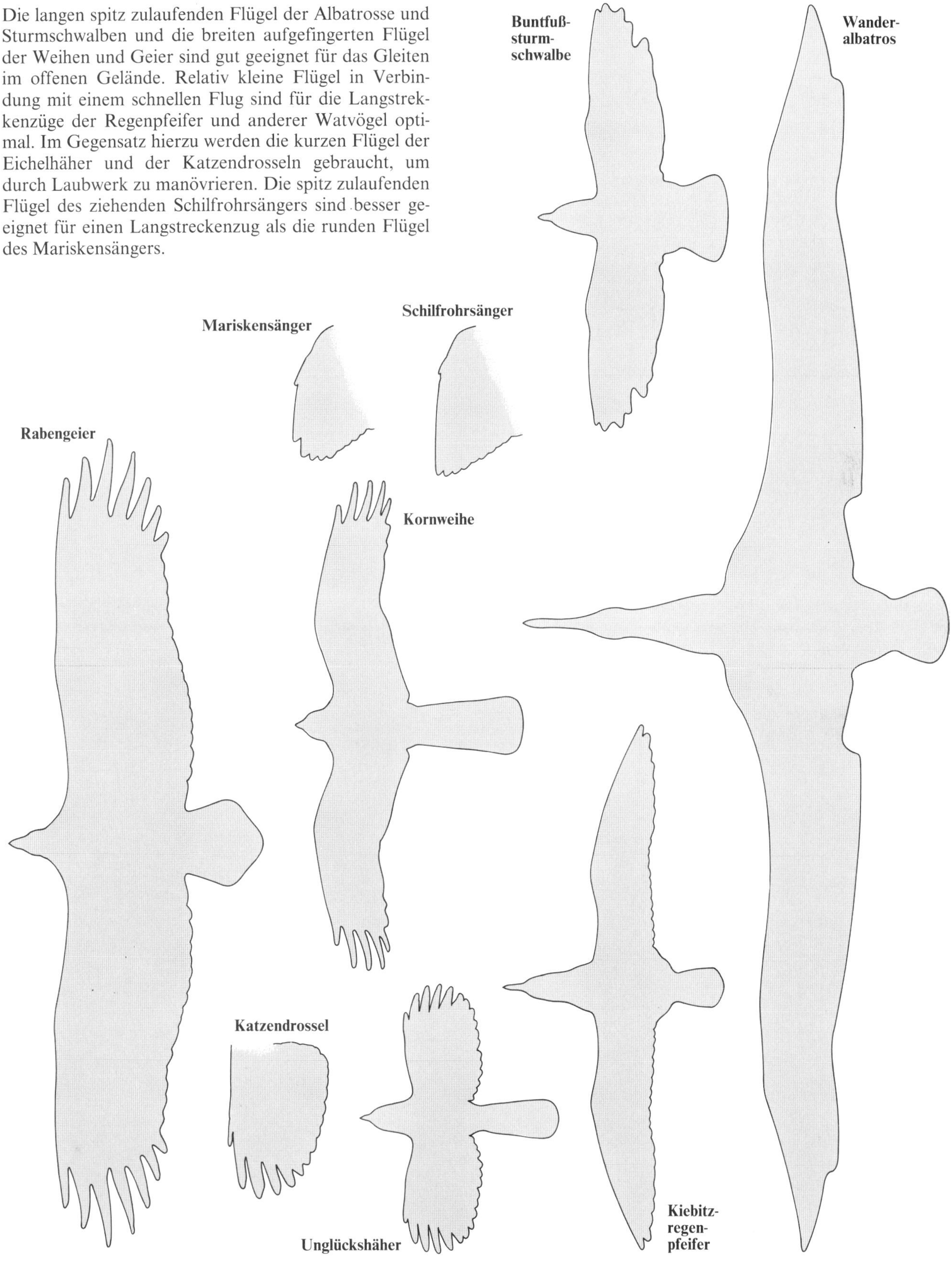

kung ist noch weit niedriger, und die Kosten für ihren Flug sind höher als beim Fliegenschnäpper. Deshalb verbringen sie die meiste Zeit damit, sich an die Blätter zu klammern oder sich an die Zweige zu hängen.

Im Gegensatz hierzu sind Flügel mit hoher Flügelstreckung ideal für Langstreckenzieher, wie Schwalben und Mauersegler, da sie viel Auftrieb und wenig Widerstand produzieren und deshalb einen ausdauernden energiesparenden Flug ermöglichen.

Oftmals stellt die Bauweise der Flügel einen Kompromiß dar. Viele Laubsänger z. B. ernähren sich von Insekten, indem sie unter dem Laubwerk in langsamen, nahezu rüttelnden Flügen umherflattern, aber zweimal im Jahr fliegen sie Tausende von Kilometern in ihr Winter- bzw. Sommerquartier. Idealerweise bräuchten sie zwei Flügelausstattungen: eine für den langsamen Flug, um sich zu ernähren, und eine für das schnelle und ökonomische Wandern. Das Wintergoldhähnchen ist ein Laubsänger, der die Insekten von den Blättern absammelt, und manchmal legt er auf seinen Wanderungen weite Strekken zurück, wobei auch Überquerungen der See stattfinden. Mit seiner geringen Flügelflächenbelastung ist er sehr gut angepaßt an den langsamen Flug und an das Rütteln unter dichtem Nadellaubwerk, aber seine Flügel laufen spitz zu, was ein Zugeständnis ist, um die Ökonomie des Zuges zu erhalten.

Links: Ein Waldkauz startet vom Waldboden. Seine breiten runden Flügel mit niedriger Flügelstreckung sind für das Fliegen in dem begrenzten Luftraum seines Territoriums sehr gut geeignet.

Oben: Pfuhlschnepfen sind wie die meisten Watvögel Spezialisten im Langstreckenflug, und sie ziehen zu Brutgebieten, die Tausende von Kilometern von ihrem Winterhabitat entfernt sind. Ihre schmalen Flügel ermöglichen einen energiesparenden Flug, der für die Überquerung großer Wasserflächen notwendig ist.

Unten: Die kurzen Flügel einer Trottellumme werden benutzt, um unter Wasser zu „fliegen", aber sie schränken das Flugvermögen in der Luft stark ein.

Der Freilauf

Eine weitere Taktik, um den Energieverbrauch beim Flug zu reduzieren, ist, den Schlagflug einzustellen und Gleitphasen einzulegen. Hierbei werden etwa 10–20% an Energie eingespart, weil während des Gleitens lediglich Energie für das Halten der ausgestreckten Flügel und für die kleinen Bewegungen, die zum Steuern und zum Erhalt der Stabilität wichtig sind, aufgewendet werden muß. Alle Vögel gleiten hin und wieder, entweder, wenn sie an Höhe verlieren, kurz vor der Landung, oder wenn sie gegen den Wind fliegen, welcher stark genug ist, um ihnen ihre minimale Fluggeschwindigkeit zu verleihen. Viele Vögel sind sehr gute Gleiter und lassen sogar bei Windstille regelmäßig Gleitphasen in ihren Schlagflug mit einfließen.

Das Wechseln von Schlag- und Gleitphasen wird Wellenflug genannt. Wellenflug wird normalerweise von relativ kleinen Vögeln praktiziert, wie Staren, Bienenfressern, Mauerseglern und Schwalben. Schlagpausen legen aber auch mittelgroße Vögel, wie Sturmvögel, Möwen oder Krähen und selbst die größten Vögel, wie Reiher, Kraniche und Adler ein.

Einige der schönsten Darbietungen des Wellenfluges liefern die Greife und Eulen, die über offenem Gelände jagen. Ihre Strategie ist, so lang wie möglich in der Luft zu bleiben, während sie den Boden absuchen, um die leichten Bewegungen, die ihre Beute verraten, wahrzunehmen. Geschwindigkeit ist bei ihnen nicht so sehr von Bedeutung, im Gegenteil, sich langsam bewegen bedeutet für die Greife, daß sie mehr Zeit haben, um eine gründliche Ortung ihrer Beute vorzunehmen. Weihen und Sumpfohreulen, die diese Jagdtechnik benutzen, haben niedrige Minimalkraft-Geschwindigkeiten, verglichen mit den ähnlich großen Dohlen, und verbrauchen weniger Energie für den Schlagflug. Der Wellenflug bringt ihnen eine Energieersparnis von 10–20%.

Unten: Rosapelikane zeigen die Technik des Wellenflugs, bei dem Schlag- und Gleitphasen abwechseln, um eine energetisch günstige Fortbewegungsweise zu erzielen. Die Dauer des Gleitens hängt stark von den Wetterbedingungen ab.

Oben: Wenn die Silbermöwe nicht in Eile ist, fliegt sie sehr energiesparend, indem sie Schlag- und Gleitphasen in ihrem Flug abwechseln läßt. Dies ist sinnvoller als ein kontinuierlicher langsamer Schlagflug, bei dem die Muskeln nicht so effektiv eingesetzt werden können.

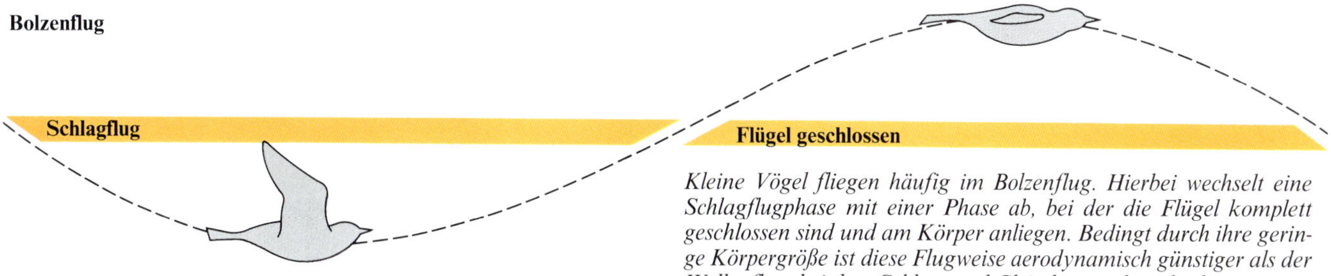

Kleine Vögel fliegen häufig im Bolzenflug. Hierbei wechselt eine Schlagflugphase mit einer Phase ab, bei der die Flügel komplett geschlossen sind und am Körper anliegen. Bedingt durch ihre geringe Körpergröße ist diese Flugweise aerodynamisch günstiger als der Wellenflug, bei dem Schlag- und Gleitphasen abwechseln.

Bolzenflug

Kleine Vögel gleiten nicht über größere Distanzen. Stattdessen wenden sie einen Bolzenflug an, bei dem Phasen des Schlagflugs mit kurzen Phasen abwechseln, in denen der Vogel mit den Flügeln dicht am Körper durch die Luft saust. Der Vogel fliegt hoch, faltet seine Flügel ein und fliegt dann wieder abwärts auf einer ballistischen Flugbahn, schlägt wieder mit den Flügeln, um zu beschleunigen, und steigt steil aufwärts. Zu den Vögeln, die einen Bolzenflug ausführen, zählen die Laubsänger, die Meisen, die Finken und die Sperlinge und viele andere bis zu der Größe von kleinen Eulen oder Papageien. Der Bolzenflug kann auch bei Finkenschwärmen beobachtet werden, die eine offene Landschaft überqueren, und er ist sehr stark ausgeprägt bei den Bachstelzen und den Spechten. Diese Flugart wird jedoch niemals angewendet, wenn die Vögel gestört werden und fliehen müssen.

Die Theorie über den Bolzenflug besagt, obschon sie noch nicht bewiesen ist, daß dieser dazu dient, Energie einzusparen. Kleine Vögel haben üblicherweise kurze breite Flügel mit einer geringen Flügelstreckung, was bedeutet, daß der induzierte Widerstand und der Flügelwiderstand groß sind. Wenn diese Vögel versuchen, auf ihren schnellen Flügen zu gleiten, dann können sie die durch Flügelschlagen erzeugte Kraft verringern. Dabei nehmen sie aber hohe Energiekosten in Kauf, die durch den Flügelwiderstand an ihren relativ großen Flügeln entstehen. Anstelle der Gleitphasen des Wellenfluges bei großen Vögeln, falten die kleinen Vögel deshalb ihre Flügel zusammen, um den Widerstand beim Bolzenflug zu reduzieren. Der Bolzenflug ist weiterhin von Vorteil, weil aus anatomischen Gründen kleine Vögel die Krafterzeugung durch ihre Flugmuskulatur nicht so stark variieren können. Die Muskeln sind dann am leistungsfähigsten, wenn sie bei einer bestimmten Kontraktionsrate arbeiten. Diese Kontraktionsrate kann dieselbe sein wie beim Abheben und Beschleunigen. Wenn also der Energieverbrauch beim normalen Flug reduziert werden soll, ist es angebracht, eine Schlagflugphase mit einer Phase, in der die Flügel zusammengefaltet sind, abwechseln zu lassen. In der Schlagflugphase sollte die Kontraktionsrate vorliegen, bei der die Flugmuskulatur am effektivsten arbeitet, und die Phase, in denen der Vogel die Flügel zusammenfaltet, dient dann weiterhin dazu, den Kraftverbrauch zu reduzieren, indem der Flügelwiderstand verkleinert wird.

Der Grünspecht ist einer der größten Vögel, die den Bolzenflug praktizieren. Seine Flugbahn steigt an und fällt ab – je nachdem, ob er mit den Flügeln schlägt oder seine Flügel geschlossen hält.

Segeln

Große Einsparungen der Flugkosten können erzielt werden, wenn der Vogel Energie aus der Atmosphäre zum Fliegen nutzen kann, in anderen Worten, wenn er von den Luftströmungen Gebrauch machen kann, so daß diese ihn entweder bei seiner Vorwärtsbewegung unterstützen oder ihm zusätzlichen Auftrieb liefern, wodurch er die Schwerkraft besser überwinden kann. Der Einfluß des Rückenwindes, der offensichtlich eine große Hilfe beim Vogelzug über lange Distanzen liefert, wird im nächsten Kapitel diskutiert. Luftströmungen können aber auch zusätzlichen Auftrieb erzeugen, um dem Zug der Schwerkraft entgegenzuwirken, und können somit die Abhängigkeit vom Schlagflug reduzieren. Wenn dies geschieht, segelt der Vogel.

Ein gleitender Vogel benutzt die Schwerkraft als Antrieb, und folglich verliert er ständig an Höhe. Er muß mit den Flügeln schlagen, um wieder an Höhe zu gewinnen. Ansonsten wird er auf dem Boden aufschlagen. Seine Gleitphase kann verlängert werden, indem er Energie aus Luftströmungen zieht und diese sozusagen als ‚Treibstoff' benutzt. Wenn der Vogel den Luftströmungen genug Energie entnehmen kann, ermöglicht ihm dies, für lange Zeit in der Luft zu bleiben.

Topographisches Segeln

Wo auch immer eine Windströmung auf einen Gegenstand trifft, entstehen Wirbel, die sich in alle Richtungen verteilen und dabei oftmals Aufwind produzieren, den die Vögel ausnutzen können. Die Vorwärtsbewegung eines Schiffes bei ruhiger Luft reicht aus, um Wirbel über dem Heck entstehen zu lassen, in die sich Möwen und Albatrosse hineinhängen und auf diese Weise mitgezogen werden.

Oben: Die Wirbel, die um den Rumpf und den Oberbau eines Schiffes herum entstehen, erzeugen Aufwinde, in denen die Silbermöwen mühelos gleiten können.

Rechts: Baßtölpel gleiten über ihrer Kolonie auf dem Bass Rock vor der schottischen Küste, wobei ihr Flug durch die Aufwinde unterstützt wird, die an der Felswand entstehen.

Gebäude, Waldecken und Hecken sind ebenfalls Ursachen für die Entstehung von Wirbeln. Mehr Gelegenheiten zur Wirbel- und Aufwindbildung liefern jedoch die Windseiten von Hügeln, Seeklippen und Inseln. Hier wird der Wind teils in einem kontinuierlichen Strom nach oben verdrängt und teils in Wirbel zerlegt. In bergigen Landschaften ist das Hangaufwindsegeln sehr bedeutend für Greifvögel, Dohlen, Raben und für Bergspezialisten, wie die Schneetaube des Himalajas. Indem sie den Hang entlanggleiten, können sie mit wenig Energieaufwand weite Strecken zurücklegen z. B. auf ihrer Suche nach Futter oder bei der Überbrückung großer Distanzen auf dem Zug.

Einige Vögel, die in der stehenden Luft nicht gleiten können, machen von den Hangaufwinden Gebrauch. Starke Seewinde lassen so kräftige Aufwinde an den Windseiten der Klippen entstehen, daß sogar schwere Kormorane und die kleinflügeligen Alken, sowie Trottellummen und Papageitaucher sich den Eissturmvögeln und Möwen anschließen können, die bei stürmischem Wetter um ihre Kolonien herumsegeln. Auf der windabgekehrten Seite isolierter Hügel und Inseln wird der Luftstrom in regelmäßige Wellen, sogenannte Leewellen, geworfen, die weitere Regionen zum Segeln geeignet machen. Seevögel z. B. können sich gegen den Wind von einer Insel zur nächsten vorwärtsbewegen, indem sie in der Leewelle aufsteigen und dann bis zur nächsten Insel gleiten, der sie sich in derselben Art und Weise nähern.

Trifft der Wind auf Hindernisse, wie z. B. Berge, Klippen an der Küste, Gebäude, Hecken oder Dämme, entstehen Aufwinde, die die Vögel zum Hangsegeln nutzen. Sie gleiten die Bergkette oder Klippen entlang, um größere Distanzen zu überbrücken, oder um nach Futter zu suchen. Manchmal können auch die Leewellen auf der Rückseite des Berges benutzt werden, um über die Ebenen zu segeln, denn sie verhelfen den Vögeln dazu, zwischen den einzelnen Gleitphasen wieder an Höhe zu gewinnen.

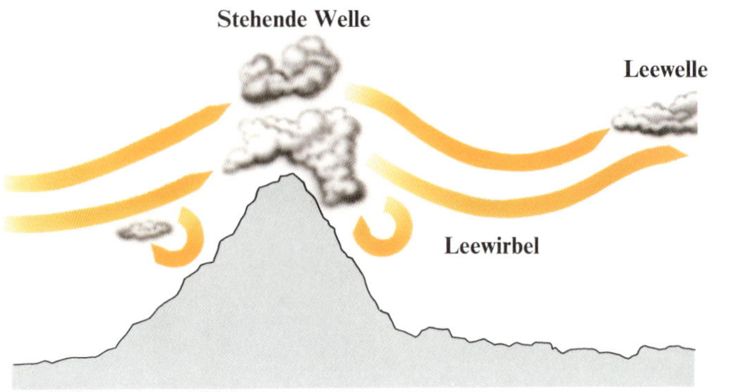

Unten: Ein Riesensturmvogel segelt in starken Winden, die ständig über den antarktischen Meeren wehen. Man sieht deutlich, daß der Kopf horizontal gehalten wird, während der Körper im rechten Winkel geneigt ist.

Die Eleonorenfalken benutzen während der letzten Phase der Brutsaison, wenn der Falke von Insektenjagd auf Vogeljagd umsteigt, das Rütteln als Jagdtechnik. Es ist ungewöhnlich, daß dieser Vogel so spät im Jahr brütet, aber seine Nestlinge können dadurch mit Singvögeln gefüttert werden, die auf dem Zug sind und im Schwarm über das Mittelmeer kommen, um den Winter in Afrika zu verbringen. Die Zugvögel wandern bei Nacht und erreichen ihren Bestimmungsort bei Tagesanbruch. Wenn sie in der Nähe einer Eleonorenfalkenkolonie ankommen, müssen sie sich einem Spießrutenlauf aussetzen, weil die adulten Eleonorenfalken bereits darauf warten, ihre Jungen zu füttern. Die Falken befinden sich im Luftraum um die Kolonie herum, und indem sie den steilen Aufwind der Klippen ausnutzen, können sie in derselben Position für 10 bis 15 Minuten in der Luft hängen, oder sie gleiten hin und zurück entlang der Windseite der Klippen. Von diesem günstigen Punkt aus können die Falken die sich nähernden Zugvögel sichten und auf sie niederstürzen. Hartmut Walter, der die Eleonorenfalken auf der Insel Praximada vor Kreta untersucht hat, beschreibt die „Falkenwand von Praximada" als eine einzigartige lebende Vogelfalle. Die Felswand, die die Population der Eleonorenfalken beherbergt, erstreckt sich über mehrere Kilometer entlang der Küste und ragt bis auf eine Höhe von 1000 m über dem Meeresspiegel empor.

Eine etwas andere Art des Aufwindsegelns ist für die Meeresvögel von Bedeutung. Wenn ein Wind weht, überholt er die Wellen, die er aufwirft und bildet einen Aufwind über ihnen. Die Seevögel nutzen dies, um in diesem Wind zu segeln, indem sie auf der Linie der Wellen dahingleiten und von Aufwind zu Abwind fortschreiten, wobei sie von einer Welle zur nächsten wechseln.

Thermiksegeln

Um die Jahrhundertwende untersuchte E. H. Hankin das Segeln der Geier und Milane. Er erfand eine raffinierte Methode, um das Flugmuster der Vögel aufzunehmen. Er stellte einen Spiegel auf, so daß er das Bild des Vogels in der Luft darauf betrachten konnte, und dann zeichnete er die Position des Vogels in regelmäßigen Intervallen (die durch den Schlag eines Metronoms bestimmt wurden) mit einem Stift auf diesen Spiegel. Die Serie dieser Tintenkleckse wurde dann mit Hilfe von Löschpapier kopiert und so festgehalten.

Hankin bemerkte, daß Weißrückengeier abheben, indem sie mit den Flügeln schlagen, und erst nachdem sie eine gewisse

Das Geheimnis des Segelns liegt in der Kontrolle des Fluges. Dieser Eissturmvogel benutzt seine Flügel, seinen Schwanz und seine Füße, um nahezu bewegungslos im Hangaufwind der Klippe zu segeln.

Höhe erreicht haben, zum Segeln übergehen. Am frühen Morgen begannen sie mit dem Segeln, wenn sie auf einer Höhe von 10–20 m waren. Später, in der Hitze des Tages, konnten sie bereits auf einer Höhe von 4–5 m mit dem Segeln beginnen. Die schwereren Geierarten flogen erst später am Morgen von ihren Schlafplätzen auf. Hankin schloß daraus, daß die warme Luft irgendeine Eigenschaft besitzt, die den Geiern das Segeln erleichtert. Aber er konnte nur sagen, daß die Bedingungen, die in der Luft entstanden, zum Gleiten geeignet waren. Es ist heutzutage bekannt, daß Geier und viele andere Vögel – wie auch Segelflieger – aufsteigende Luftströmungen, die man Thermiken nennt, zum Segeln nutzen. Die Kalifornischen Kondore, die Schwierigkeiten mit dem Gegenwind haben (siehe Seite 47), benutzen Thermiken, um sich aus ihrer schwierigen Lage herausheben zu lassen, wie ein Ballon, der nach oben schwebt. Dabei geraten sie außer Sicht, wenn sie in die Wolken eintauchen, und erscheinen wieder, wenn sie über den Wolken sind.

Wenn der Boden durch die Sonne aufgewärmt wird, dann wird auch die kühle Luft, die mit dem Boden in Kontakt steht, aufgeheizt. Warme Luft ist leichter und steigt auf in die Atmosphäre wie eine Luftblase. Dies nennt man Thermik. Die Thermik ist als ringförmiger Wirbel zu sehen, der entlang seiner Achse rotiert. Ein nach oben gerichteter Luftstrom geht durch das Zentrum des Wirbels. Der Luftstrom ist um so schneller, je näher er am Zentrum des Wirbels ist, und an der Spitze des Wirbels breitet er sich zu den Seiten hin aus. Eine Thermik entsteht sehr leicht dort, wo es eine Oberfläche gibt, die sich schneller aufheizt als die sie umgebenden Flächen. Dies könnte ein steiniger Schichtenkopf sein, trockener Sand, ein Gebäude oder eine Schneise zwischen Bäumen. Wenn die Thermik aufsteigt, wird das Wasser in ihr verdampfen und kondensiert zu der Form einer Kumuluswolke. So entsteht eine Schicht von fein verteilten Kumuluswolken, die bei gutem Wetter an warmen Tagen zu sehen ist. Wenn Wind aufkommt, werden eine Reihe von Thermiken von einer einzelnen Stelle produziert, und diese driften dann mit dem Wind ab. Jede Thermik hat ihre eigene Wolke, und es entsteht eine Thermikstraße. Die Thermiken erreichen schließlich eine obere Grenze und steigen nicht mehr weiter, weil kein Auftrieb mehr vorhanden ist. Wenn die Wärmeabstrahlung der Sonne am Nachmittag geringer wird und der Boden wieder abkühlt, wird auch die Produktion der Thermiken schwächer, und sie kommt am Abend vollständig zum Erliegen.

Es wird oft behauptet, daß sich Thermiken nicht über der See bilden. Obschon dies in der Regel zutrifft, treten Thermiken in den tropischen Gewässern häufig auf, weil die Passatwinde kühle Luft über das warme Wasser bringen. Im Winter bilden sich die Kumuluswolken in großen Höhen, wo kalte Luft von den gefrorenen Landmassen aufsteigt und dann über die relativ warme Meeresoberfläche strömt. Während das Land sich über Nacht abkühlt, bleibt die See warm, und die Thermiken bleiben somit auch nachts erhalten.

In der Sahara entsteht durch die Verbrennung von Gas, das bei der Förderung von Erdöl anfällt, eine „künstliche“ Thermik. Diese Thermik wird von den ziehenden Störchen als Lift benutzt, der es ihnen ermöglicht, wieder in größere Höhen aufzusteigen. Norman Elkins schrieb in seinem Buch *Vögel und Wetter* (1983), daß Möwen wahrscheinlich ihre eigene Thermik erzeugen können. Wenn ein markanter Temperaturunterschied zwischen kalter Luft und warmer See besteht und kein Wind vorhanden ist, kann eine große Schar von Möwen die Luft zum Rotieren und Aufsteigen bringen, indem sie permanent im Kreis fliegt.

Das Ziel eines segelnden Vogels (und eines Segelfliegers) ist, eine Thermik zu finden und in ihrem Zentrum zu kreisen. Sobald er die Thermik betritt, wird ein Vogel, der zuvor mit einer reduzierten Flügelspannweite und eingefalteten Spaltflügeln geflogen ist, langsamer, öffnet die Spaltflügel und fächert seinen Schwanz auf. Auf diese Weise erhält er seine minimale Sinkgeschwindigkeit. Dies ist die Geschwindigkeit, bei der er am langsamsten an Höhe verliert.

Das Verhalten eines segelnden Vogels hängt von der Stärke der Thermik ab. Im Zentrum einer starken Thermik kann er sich in engen Kreisen drehen, denn hier wird die Auftriebsverringerung, die durch die Schräglage der Flügel hervorgerufen wird, durch die schnell aufsteigenden Luftströmungen kompensiert. Wenn die Luft langsamer aufsteigt, muß der Vogel weite Kreise beschreiben und bekommt dann seinen Auftrieb durch die horizontalere Lage der Flügel.

Der Vogel kann also in der Thermik steigen oder sinken, indem er sein Kreisen anpaßt, so daß seine Sinkgeschwindig-

Wenn der Boden sich durch die Sonneneinstrahlung erwärmt, steigen warme Luftströmungen als sogenannte Thermiken auf und driften mit dem Wind ab. Ihre Position wird durch kleine Kumuluswolken und durch Vögel gekennzeichnet, die in diesen Thermiken kreisen, um in dem aufsteigenden Luftstrom an Höhe zu gewinnen.

Geier und Marabus kreisen gemeinsam in einer Thermik. Diese Vögel verlassen sich auf das Segeln, das ihnen einen energiesparenden Flug über weite Ebenen bei der Suche nach Kadavern ermöglicht.

keit niedriger oder höher ist als seine Aufstiegsgeschwindigkeit. Wenn der Geier oder irgendein anderer segelnder Vogel einmal in der Luft ist und in der Umgebung von warmer Luft kreist, kann er die Höhe mit einem Minimum an Energieaufwand halten, oder er kann die Thermik verlassen und über das Land ziehen, indem er sich von der einen Thermik löst und zur nächsten gleitet.

Die Aufrechterhaltung der Flugaktivität hängt bei großen breitflügeligen Vögeln wie Geiern, Kondoren, Pelikanen und Störchen meistens von Thermiken ab. Der Gebrauch von Thermiken erklärt auch Hankins Beobachtungen bei Geiern. Die schweren Geier mit hoher Flügelflächenbelastung sind die letzten, die am Morgen losfliegen, denn es nimmt viel Zeit in Anspruch, bis der Boden aufgeheizt ist und sich Thermiken entwickelt haben, die stark genug sind, um das Gewicht der Geier zu tragen. Ein weiterer Vorteil starker Thermiken ist, daß sich die Geier weniger lange durch Schlagflug in der Luft halten müssen, bevor sie segeln können. Colin Pennycuick hat die Segelfähigkeiten des Braunpelikans und des Rabengeiers verglichen. Ihre Flügelflächenbelastungen sind ähnlich, aber der Pelikan steigt in einer Thermik schneller auf, weil er eine höhere Flügelstreckung hat (9,8 verglichen mit 5,8).

Marine Thermiken in den tropischen Meeren sind die Domäne der Fregattvögel. Für die Meeresüberquerungen der Landvögel sind diese Thermiken nicht zuverlässig genug. Aber Fregattvögel haben extrem geringe Flügelflächenbelastungen und einen leichten Flug. Deshalb können sie mit Hilfe der sehr schwachen, aber anhaltenden marinen Thermiken in der Luft bleiben und weit entfernt vom Land nach Nahrung suchen.

Eine weitere Art von Auftrieb, die durch atmosphärische Bedingungen geschaffen wird, ist das Resultat von Seeböen und Gewittern. Eine Seeböe tritt dann auf, wenn das Land tagsüber erhitzt wird und somit die Luft über ihm aufsteigt, und

Unten: Seewinde entstehen, weil das Land sich tagsüber schneller aufwärmt als das Meer. Warme Luft steigt über dem Land auf und strömt in relativ großer Höhe seewärts und wird von kühler Meeresluft ersetzt. Vögel nutzen die aufsteigende Luft an der Grenze zwischen kalter Meeresluft und warmer Inlandluft zum Segeln.

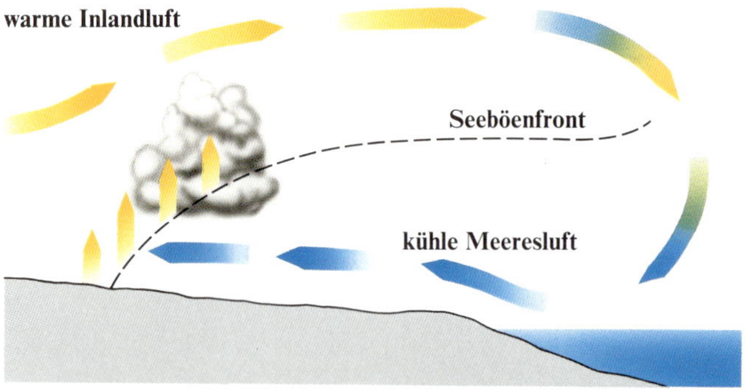

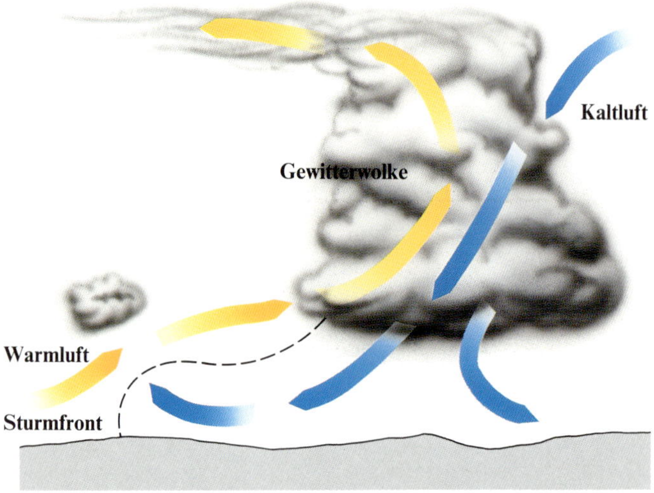

Oben: Gewitterwolken produzieren manchmal einen starken Abwind. Wo dieser Abwind auf den Boden trifft und sich ausbreitet, verdrängt er die dort befindliche warme Luft nach oben. Der dabei entstehende aufwärts gerichtete Luftstrom wird von Vögeln zum Gleiten benutzt.

Unten: Weißstörche versammeln sich in einer Thermik über Istanbul, um an Höhe zu gewinnen, bevor sie auf ihrer Reise nach Europa den Bosporus überqueren. Die Abhängigkeit der Störche vom Segeln zwingt sie, bei ihrem Zug die offene Fläche des Mittelmeeres zu umgehen.

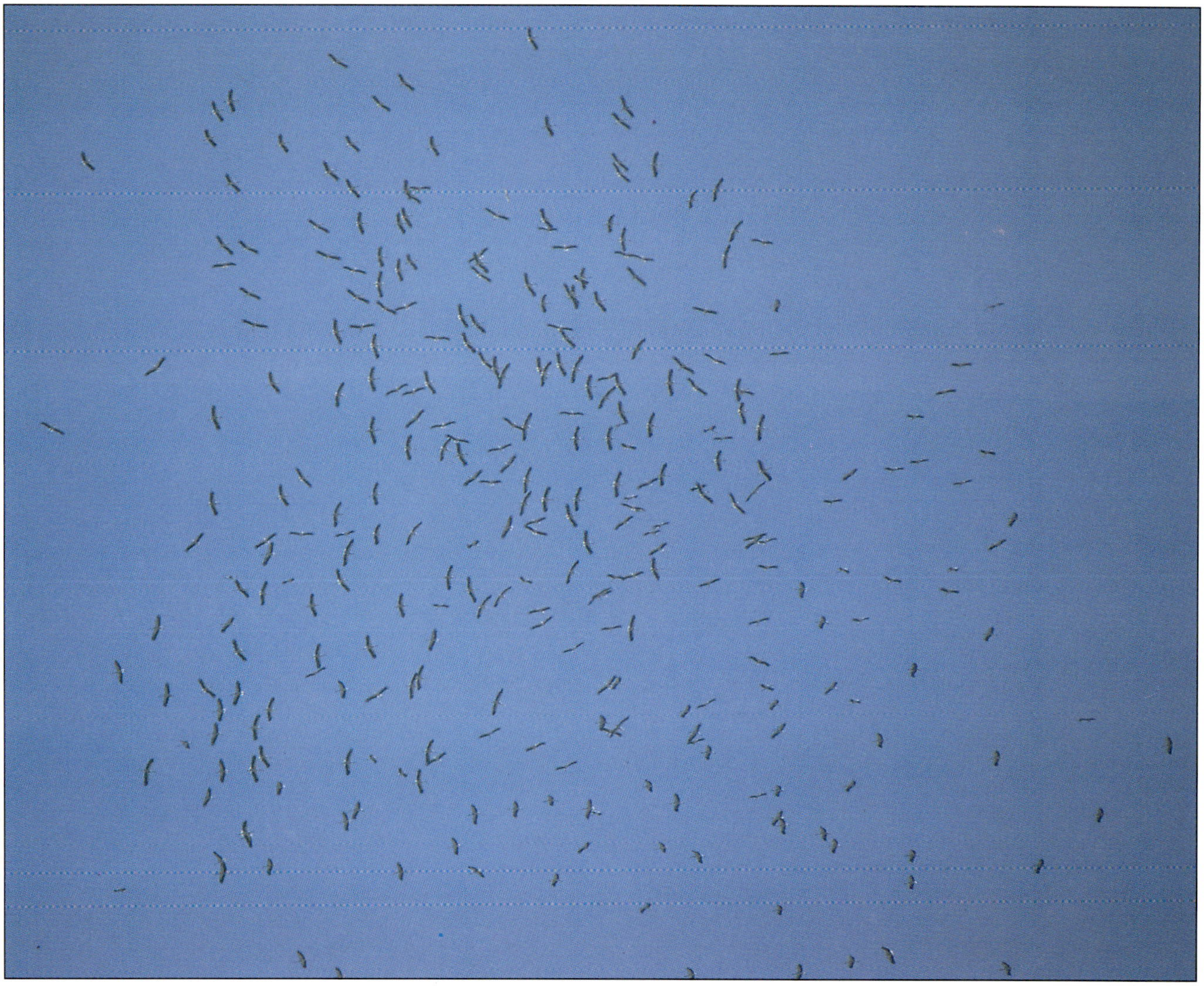

dann kühlere Luft von der See her ansaugt, die daraufhin zum Land strömt. Eine gute Zeit, um dies zu beobachten, ist an einem klaren windstillen Tag; die Kante der Seeböe wird dann durch eine dunkle Linie auf dem Wasser markiert und durch die Möwen, die entlang dieser Kante segeln. Wenn die Böe ins Land einwandert, kann sich eine Linie von Kumuluswolken entwickeln. Eine ähnliche Art von Auftrieb entsteht an der Peripherie eines Gewitters, wo kühle Luft durch die Kumulonimbus-Gewitterwolke absteigt und sich ausbreitet, wobei sie die warme Luft in der Umgebung nach oben verdrängt. Segler benutzen regelmäßig diese Bedingungen, um Insekten oder kleine Spinnen zu fangen, die durch die aufsteigende Luft mitgerissen werden. Aber Segelflieger aus Südengland haben berichtet, daß sie Turmfalken, Bussarden, Möwen und Reihern begegnet sind, die dieselben aufsteigenden Luftströmungen ausnutzten.

Ein Mollymauk steigt ohne einen Flügelschlag im Wind auf. Er nutzt dabei den Schwung, den er aus einem flachen Abstieg erhält, um sich nach oben tragen zu lassen. Zusätzlichen Auftrieb bekommt er durch die zunehmende Windgeschwindigkeit in größeren Höhen.

Dynamisches Segeln

Die Albatrosse haben aufgrund ihres anscheinend endlosen Fluges in den stürmischen Höhen der Südsee schon immer die Bewunderung der Seefahrer auf sich gezogen. Die Art und Weise, wie sie den Wind ausnutzen, ohne mit den Flügeln zu schlagen, ist faszinierend. Egal, ob nur eine leichte Brise geht oder ein starker Sturm, die Albatrosse fallen herunter bis kurz über die Wellen, dann wenden sie und steigen wieder bis auf ihre ursprüngliche Höhe auf. Dieses Muster wird über Stunden wiederholt. Das Phänomen kann so erklärt werden, daß man sich ein Auto vorstellt, das im Freilauf bergab rollt. Der Schwung wird das Auto über einen Teil der Steigung auf der anderen Seite des Tales bringen, aber der Widerstand wird dafür sorgen, daß es langsamer wird und schließlich unterhalb der Spitze des Berges zum Stehen kommt. Der gleitende Albatros überwindet den Widerstand und steigt bis auf seine ursprüngliche Höhe auf. Er hat anscheinend eine zusätzliche Energiequelle gefunden, die ihn die letzten Meter hinaufträgt. Der erste Vorschlag einer physikalischen Erklärung dieses Phänomens des Hochhebens wurde von Lord Rayleigh geliefert, der 1883 annahm, daß die Albatrosse Energie aus dem Windgradienten ziehen, der auf der Oberfläche der See exi-

Ein Wanderalbatros und ein Mollymauk im Hintergrund gleiten über die steilen Wellen, wobei sie von den nahezu konstanten Winden des Südpolarmeeres getragen werden.

Unten: Albatrosse und andere Vögel nutzen den Windgradienten über dem Wasser zum Gleiten. Indem sie einen Zick-Zack-Kurs gegen den Wind fliegen, können sie lange Distanzen mit einem minimalen Energieeinsatz überbrücken.

Reisende, die in südlichen Meeren unterwegs waren, wußten stets, daß der Wanderalbatros seinen Namen verdient hat. Sie haben gesehen, daß er Schiffen folgte, bis sie Hunderte von Kilometern von seinem Nest auf einer der antarktischen Inseln entfernt waren, und es gibt Hinweise dafür, daß einige Albatrosse sich bei ihrer Nahrungssuche bis zu 1800 km von ihrem Nest entfernten. Dies ist nur möglich, weil die nahezu kontinuierlichen Winde in diesen Breiten es dem Wanderalbatros ermöglichen, durch Segeln weite Strecken über den Ozean zurückzulegen, ohne mit den Flügeln schlagen zu müssen. Französische Ornithologen haben nun gezeigt, welch ein bewundernswertes Flugvermögen der Wanderalbatros besitzt, indem sie sechs dieser Vögel mit Miniatursendern ausgestattet haben, so daß diese mit Hilfe eines Satelliten geortet werden können. Sie fanden heraus, daß diese Vögel bis zu 15 000 km fliegen und die Ozeane mit einer Geschwindigkeit von bis zu 80 km/h überqueren, bevor sie ihren Partner wieder ablösen. Als die Albatrosse von ihren Nestern auf den Crozet Inseln südöstlich vor Süd-Afrika aufbrachen, ließen sie sich zunächst in den herrschenden Westwinden treiben. Sie flogen hauptsächlich tagsüber, wahrscheinlich weil sie nachts nach Nahrung suchen, wenn die Tintenfische an die Wasseroberfläche kommen. Die Untersuchung löste das seit langem bestehende Rätsel, wie die Albatrosse gegen die vorherrschende Windrichtung zu ihren Nestern zurückkommen. Entweder hangeln sie sich zurück, indem sie im Zickzackkurs gegen den Wind fliegen, oder sie fliegen in einem großen Bogen und kommen dann mit dem Wind wieder zum Nest zurück. Wenn jedoch der Wind nachläßt, kommen auch die Albatrosse zur Ruhe, und manchmal bewegen sie sich über mehrere Tage kaum von der Stelle. Es macht dem Albatros nichts aus, wenn er während der Brutphase durch Gegenwinde aufgehalten wird, denn sein Weibchen kann für sehr lange Zeit auf dem Nest überleben. Die Strategie ändert sich jedoch, sobald das Junge geschlüpft ist. Dann werden kürzere Flüge von 2–4 Tagen gemacht, so daß der Nestling regelmäßig seine Mahlzeiten bekommt.

stiert. Die Reibung an der Oberfläche des Wassers nimmt dem Wind einen Teil seiner Geschwindigkeit, deshalb wird die Windgeschwindigkeit mit steigender Höhe – bis zu einer Höhe von 15 m – größer. Lord Rayleighs Theorie war, daß der Albatros mit dem Wind hinabgleitet, dann die Grundgeschwindigkeit erreicht, eine scharfe Wendung vollzieht und gegen den Wind aufsteigt. Seine Grundgeschwindigkeit wird nun geringer, aber weil er beim Aufsteigen auf eine zunehmende Windgeschwindigkeit trifft, wird seine Fluggeschwindigkeit nicht so schnell reduziert. Auf diese Weise kehrt er zu seiner ursprünglichen Höhe zurück, ohne daß seine Geschwindigkeit unter die minimale Gleitgeschwindigkeit sinkt. Weiterhin wird der Albatros aber bei seinem Flug auch durch Hangaufwindsegeln entlang der Wellen und durch den Bodeneffekt (Luftkisseneffekt) unterstützt, wodurch er zusätzlichen Antrieb für die Steigphase bekommt.

Dynamisches Segeln ist nicht auf Albatrosse beschränkt. Ein ähnliches Flugmuster wird von den kleineren Sturmvögeln und Sturmtauchern, sowie von den Möwen und Baßtölpeln benutzt, obwohl diese häufiger auf den Schlagflug zurückgreifen müssen, um wieder an Höhe zu gewinnen. Obschon immer gesagt wird, daß dynamisches Segeln über dem Meer stattfindet, entsteht auch über dem Land ein Windgradient, so daß diese Technik auch bei Landvögeln angewendet werden könnte, besonders über offenem ebenen Gelände. Ich habe eine große Zahl von Vögeln beobachten können – Seeschwalben, Skuas, Möwen, Watvögel, Reiher und Schwalben, die über die Sahara zogen –, die in einem Zick-Zack-Wellenkurs flogen, der dem dynamischen Segeln des Albatrosses entspricht. Sie konnten zwar nicht beim Segeln beobachtet werden, aber es könnte sein, daß sie den Windgradienten nutzen, um Energie zu sparen.

Der Luftkisseneffekt

Die Scherenschnäbel sind einzigartige Vögel. Die drei Arten leben entlang tropischer Lagunen, Seen und Flüsse und sind nach der Art und Weise ihres Fischens benannt. Sie fliegen hin und her, wobei ihr Schnabel geöffnet ist und der Unterschnabel ins Wasser taucht. Der untere Teil des Schnabels, der Unterkiefer, ist ein Drittel bis ein Viertel länger als der Oberschnabel. Sobald der Unterschnabel einen Fisch oder einen Krebs berührt, streckt der Vogel den Kopf nach unten, und der Schnabel schnappt zu, um die Beute zu fangen und herauszuziehen. Hierbei wird der Flug des Scherenschnabels kaum merklich gestört.

Der Nacken des Scherenschnabels ist gefedert, um den Stoß beim Aufprall auf die Beute abzufangen, und sein „pflügender“ Flug wird unterstützt durch seinen Unterschnabel, der mit messerscharfen Kanten versehen ist, die dazu dienen, den Widerstand zu reduzieren. Nichtsdestoweniger ist es erstaunlich, daß der Scherenschnabel den Eindruck macht, als würde er ohne jegliche Anstrengung fliegen, mit langen Gleitphasen zwischen kürzeren Phasen von flachem Flügelschlag.

Auf der Suche nach Futter verbringen die Scherenschnäbel jeden Tag eine beachtliche Zeit mit Fliegen über dem Wasser. Dabei vermindern sie die Anstrengungen für den Flug, indem sie den Boden- oder Luftkisseneffekt ausnutzen. Dies ist das Phänomen, auf dem auch das Prinzip des Luftkissenbootes beruht. Aber es kann auch in der Luft angewendet werden,

Der Schwarzmantelscherenschnabel wird bei seiner speziellen Ernährungsweise durch den Luftkisseneffekt unterstützt, der den für das Fliegen nötigen Energieaufwand verringert.

Ein Mollymauk fliegt dicht über der Oberfläche der ruhigen See. Er nutzt wahrscheinlich den Luftkisseneffekt, um seine Gleitphasen zu verlängern.

wenn man dicht über dem Wasser oder dem Boden fliegt. Der Luftstrom wird dabei zwischen Flügeln und Wasseroberfläche gestaucht, und deshalb wird der Überdruck auf der Flügeloberseite und damit der Auftrieb erhöht. Der Luftkisseneffekt beginnt dann eine Rolle zu spielen, wenn die Entfernung der Flügel zur Wasseroberfläche kleiner ist als ihre Spannweite, und er wird zunehmend größer, wenn die Lücke zwischen Wasseroberfläche und dem Vogelkörper kleiner wird.

Der Luftkisseneffekt wirkt auch bei Vögeln, die dicht über der Wasseroberfläche oder über dem Boden fliegen, sehr gut. Mit mehr Auftrieb brauchen sie weniger Energie und müssen weniger kräftig mit den Flügeln schlagen, um die Geschwindigkeit zu halten oder weiter zu gleiten. Weil dieser Effekt proportional zur Flügelspannweite ist, kommt er in erster Linie den langflügeligen Vögeln zugute. Scherenschnäbel haben eine Spannweite von etwa 75 Zentimetern, und indem sie 1–8 Zentimeter über dem Wasser gleiten, sparen sie einen wesentlichen Teil der Kraft, die sie beim normalen Flug benötigen würden, weil sie auf einem flachen Winkel gleiten und weniger häufig mit den Flügeln schlagen müssen, um ihre Höhe zu halten. Dies hat signifikante Einsparungen in der Futtermenge, die ein Scherenschnabel benötigt, zur Folge und reduziert damit auch die Zeit, die für die Nahrungssuche erforderlich ist. Der Nachteil ist, daß diese spezielle Methode der Nahrungssuche beim Scherenschnabel nur in ruhigen Wassern funktioniert, und die Verbreitung dieser Art ist daher auf ruhige Orte, wie geschützte Lagunen und Seen, beschränkt.

Es scheint wahrscheinlich, daß auch andere Vögel vom Luftkisseneffekt profitieren, entweder bei der Nahrungssuche oder beim Pendeln zwischen Nest und Nahrungsquelle. Viele Seevogelarten, wie Pelikane, Kormorane, Albatrosse, Sturmvögel und ihre Verwandten, fliegen regelmäßig auf einer sehr niedrigen Höhe. Die Sturmtaucher, im Englischen Shearwater genannt, haben ihren Namen daher, weil es aussieht, als würden sie beim Fliegen die Wasseroberfläche mit ihren Flügelenden zerschneiden (to shear), da sie nur einige Zentimeter über dem Wasser dahingleiten. Berechnungen, die für den Braunpelikan gemacht wurden, der eine Spannweite von 210 cm hat und etwa 30 cm über dem ruhigen Wasser dahingleitet, haben ergeben, daß hierbei der induzierte Widerstand, der an den Flügeln entsteht, um die Hälfte reduziert wird. In bestimmten Intervallen klettern die Vögel auf eine Höhe von etwa 50 cm über der Wasseroberfläche, so daß sie mit den Flügeln schlagen können, und dann scheint der Nutzen, den sie aus dem Luftkisseneffekt ziehen, zunehmend geringer zu werden.

Der Luftkisseneffekt scheint auch für große Vögel von Bedeutung zu sein, die laufen müssen und dabei mit den Flügeln schlagen, um die Fluggeschwindigkeit, die sie zum Abheben benötigen, zu erreichen. Albatrosse, Geier, Alken, Seetaucher und Schwäne fallen einem dabei ein, wenn man an Vögel

Oben: Schneegänse fliegen in Staffelformation über Neu-Mexiko. Indem sie diese Formation permanent beibehalten, häufen sich die relativ geringen Einsparungen bei den Flugkosten während der langen Reise aus arktischen Gebieten in den Süden an.

Links: Blauaugenscharben fliegen in klassischer V-Formation. Diese schwergewichtigen, uneffektiven Flieger verbleiben auch dann in der V-Formation, wenn sie auf der Suche nach Fischschwärmen über das Meer fliegen.

denkt, die sich auf diese schwerfällige Weise in die Luft erheben. Sie können sich zwar in die Luft erheben, bevor sie die volle Fluggeschwindigkeit erreicht haben, aber sie müssen dann tief am Boden fliegen, um den Luftkisseneffekt aufrechtzuhalten, mit dessen Hilfe sie schnell an Geschwindigkeit gewinnen, so daß, wenn sie höher steigen und aus dem Einflußbereich des Luftkisseneffekts herauskommen, sie schnell genug fliegen, um den Auftrieb zu erzeugen, der sie in der Luft hält. Ohne genügend Auftrieb würden sie herunterstürzen, wie es vielen überladenen Flugzeugen beim Starten passiert ist. Weiterhin ermöglicht der Luftkisseneffekt diesen Vögeln, auch bei niedrigen Fluggeschwindigkeiten genügend Auftrieb zu erzeugen, um in der Luft zu bleiben. Deshalb können sie beim Einleiten der Landung langsamer werden und mit weniger Schwung aufsetzen.

Der Formationsflug

In dem Buch *Die Vögel des Himmels,* das vor 350 Jahren geschrieben wurde, beschreibt Edward Topsell Kranichschwärme die ‚in Form eines Dreiecks, so wie das griechische Lambda, fliegen, wobei sie nach vorne spitz zulaufen und sich nach hinten aufgabeln'. Dies ist eine bessere Beschreibung als die V-Formation, weil diese eigentlich in die falsche Richtung weist. Aerodynamische Theorien besagen, daß Vögel, die in einer V- oder Staffelformation fliegen, Energie sparen können, indem sie im Luftsog des vorderen Vogels fliegen. Der Flügel produziert nicht nur einen Abwind, sondern auch einen Aufwind, der sich von der Flügelspitze aus seitwärts ausbreitet (die Flügelspitzenwirbel). Dieser Aufwind ist hinter dem Flügel und direkt hinter der Flügelspitze am größten. Deshalb wird ein Vogel, der im Aufwind seines vorderen Nachbarn fliegt, etwas Aufwind hinzugewinnen und somit auch die Kraft reduzieren können, die er zum Fliegen benötigt. Es gibt sogar einen Aufwind vor dem Flügel, so daß auch der Anführer ein wenig von dem produzierten Aufwind profitieren kann.

Eine authentische Geschichte aus dem Koreakrieg erzählt von einem Flugzeug, dessen Pilot bewußtlos war und das von zwei anderen Flugzeugen zur Erde zurückgebracht werden konnte, indem die beiden Flugzeuge so nah an das ungesteuerte Flugzeug heranflogen, daß sich ihre Flügelspitzen mit denen des in Not befindlichen Flugzeuges überlappten. Es wurde jedoch oft behauptet, daß Gänse, Möwen, Pelikane und Kraniche auf dem Zug nicht eng genug und nicht akkurat genug formiert sind, um den Aufwind des vor ihnen fliegenden Vogels wirklich nutzen zu können. Heutzutage gibt es jedoch Berechnungen, aus denen hervorgeht, daß dies keine Rolle spielt; obschon die größte Unterstützung durch den Nachbarn dann erfolgt, wenn sich die Flügelspitzen überlappen und der Auftriebeffekt mit zunehmender Entfernung zum Nachbarn kleiner wird, gibt es doch genügend nutzbaren Auftrieb auch dann, wenn die Formation stark auseinandergezogen ist. Für ziehende Vögel amortisieren sich kleine Energieeinsparungen zu einem lohnenswerten Nutzen, weil sie eine sehr lange Strecke zurücklegen.

Der Winkel des V beeinflußt nicht die Größe des Nutzens, aber Kraniche fliegen üblicherweise mit ihren Köpfen neben den Flügelspitzen des vorderen Nachbarn, wahrscheinlich um besser sehen zu können. Die Krafteinsparungen sind außerdem dann am größten, wenn die Vögel in derselben horizontalen Ebene fliegen. Aber Kraniche sind vertikal gestaffelt, so daß jeder Vogel ein wenig höher fliegt als der Vogel vor ihm. Anscheinend werden leichte Einbußen bei dem aerodynamischen Vorteil in Kauf genommen, um ein besseres Blickfeld zu haben.

Der Auftriebeffekt hängt außerdem von der Größe des Schwarms ab. Ein Vogel, der in einer Gruppe von fünf Vögeln fliegt, hat einen größeren Vorteil als wenn er in einer Gruppe von drei Vögeln fliegt. Aber der Zuwachs an Nutzen wird zunehmend geringer, wenn der Schwarm größer wird.

Rosapelikane gleiten über das Donaudelta. Die Energie, die sie beim Formationsflug einsparen, ist am größten, wenn sich die Flügelspitzen der benachbarten Vögel überlappen.

Der Flug auf der Stelle

Der Flug auf der Stelle ist eine sehr energieaufwendige Art des Fliegens. Aus den Kraft-Geschwindigkeits-Kurven, die im zweiten Kapitel beschrieben wurden, kann man entnehmen, daß ein Vogel, der eine sehr kleine oder keine Fluggeschwindigkeit hat, sehr stark mit den Flügeln schlagen muß, um sich selber in der Luft zu halten. Dabei muß er einen abwärts gerichteten Luftstrom erzeugen, der ausreicht, um das Gewicht zu tragen. Die meisten kleinen Vögel können für eine kurze Zeit auf der Stelle fliegen, um Futter aufzunehmen, das schwer zu erreichen ist, wie z. B. Beeren. Hierbei sind ihre Flügelschläge wesentlich weiter und schneller als normalerweise, aber ihre Muskeln können nicht genug Kraft entwikkeln, um diese Flugweise auf Dauer aufrechtzuhalten.

Einige wenige Vögel können vom Flug auf der Stelle in einen Rückwärtsflug übergehen. Als Georg Rüppell seinen Gartenrotschwanz filmte (siehe Seite 82), fand er heraus, daß dieser Rotschwanz nicht nur besser auf der Stelle fliegen kann als andere kleine Vögel, sondern sogar aus dieser Position heraus in einen Rückwärtsflug übergehen konnte. Die Flügel wurden dabei so steil nach vorn geschlagen, daß sie wie Luftschaufeln wirken und den Vogel nach hinten schieben. Der Handteil ist beim Aufschlag so gedreht, daß ein Anstellwinkel erhalten bleibt, der den nötigen Auftrieb erzeugt.

Bei größeren Vögeln nennt man das Fliegen auf der Stelle auch Rütteln. Sie benutzen es, um einen Aussichtspunkt zu haben, von dem aus sie den Boden unter sich absuchen können. Bussarde, Fischadler, Sumpfohreulen, Schnee-Eulen, Seeschwalben, Skuas und Eisvögel nutzen diese Art des Jagens. Diese Flugweise ist sehr charakteristisch für den Turmfalken, weshalb er früher auch als Rüttelfalke bezeichnet wurde. Der Rüttelflug ist ein Merkmal, das den Turmfalken zu dem am leichtesten zu bestimmenden Greifvogel macht.

Das typische Bild eines rüttelnden Turmfalken ist das von einem Vogel, der gegen den Wind gestellt ist und dessen Flugweise ständig wechselt zwischen kräftigem Flügelschlagen und Schweben mit ausgestreckten Flügeln.

Weder der Turmfalke noch irgendein anderer großer Vogel, der in der Luft hängt, rüttelt im strengen Sinne; er fliegt oder gleitet langsam entgegen der Windrichtung, so daß seine Fluggeschwindigkeit genauso groß ist wie die Windgeschwindigkeit und damit seine Grundgeschwindigkeit null ist. Dieses wird oftmals windunterstütztes Rütteln oder einfacher Windrütteln genannt. Der Anteil der Flügelschlagsequenzen, der beim Windrütteln benötigt wird, hängt von der Windgeschwindigkeit ab. In ruhiger Luft schlägt der Turmfalke sehr intensiv und mit tiefen Flügelschlägen. Dabei hängt er nahezu senkrecht, wobei sein langer Schwanz ausgebreitet ist, um zusätzlichen Auftrieb zu erzeugen. Mit zunehmender Windgeschwindigkeit wird der Körper des Turmfalken mehr waagerecht ausgerichtet, und seine Flügelschläge werden flacher, bis

Gegen den Wind gestellt, rüttelt der Turmfalke mit schwingenden Flügeln und ausgebreitetem Schwanz, während er den Boden unter sich nach Beute absucht. Das Rütteln ist zwar sehr anstrengend, aber es ermöglicht ihm, in der offenen Landschaft zu jagen.

Oben: Eine Küstenseeschwalbe schwebt über dem Fotografen, der sie in Nestnähe gestört hat.

Links: Die Buntfuß-Sturmschwalbe hat einen einzigartigen Schwirrflug, bei dem sie „über das Wasser wandert". Sie taucht dabei ihre Füße in das Wasser, um ihr Gleitvermögen über ruhigem Wasser zu verbessern.

er schließlich sein Gleichgewicht halten kann, indem er nur noch sehr kleine Bewegungen macht, um sich den Veränderungen des Luftstroms anzupassen.

Diese Vögel nutzen oft Hänge und Klippen, um ihren Auftrieb zu unterstützen. Deshalb kann man Turmfalken regelmäßig beim Rütteln über Autobahnböschungen beobachten, wobei sie nach Feldmäusen suchen. Wenn eine Windböe geht, rüttelt der Turmfalke für wenige Sekunden, um den Boden unter sich abzusuchen; wenn er nichts findet, schwingt er sich in den Wind und gleitet steil nach unten, wobei er genug Schwung bekommt, um sich wieder gegen den Wind zu stellen und ähnlich wie der segelnde Albatros (siehe Seite 105) wieder bis auf seine ursprüngliche Höhe aufzusteigen. Wenn ein starker Wind vorhanden ist, kann er einen Geländestreifen absuchen, indem er sich langsam im Aufwind vorwärtsbewegt, wobei er kaum einen Flügelschlag benötigt.

Obschon das Rütteln durch die extremen Schlagphasen sehr viel Energie kostet, gibt es den Vögeln die Gelegenheit, ihre Suche nach Beute auch in Flächen ohne Ansitzwarten hinein auszudehnen. So macht sich der zusätzliche Energieeinsatz in der Nutzung neuer Nahrungsquellen bezahlt.

Sturmschwalben

Der Name Storm Petrel im Englischen gab möglicherweise der gesamten Familie der Sturmschwalben ihren Namen. Er ist eine Anspielung auf den Heiligen Petrus, der über Wasser gehen konnte. Die Sturmschwalben ernähren sich von kleinen Tieren, die sie von der Wasseroberfläche sammeln, indem sie über das Wasser trappeln und manchmal auch mit ausgestreckten Beinen auf der Wasseroberfläche stehen.
Dieses Auf-dem-Wasser-Wandern ist charakteristisch für die gesamte Familie der Sturmschwalben. Es ist eine Form des Rüttelns oder auch eines langsamen Gegen-den-Wind-Fliegens, wobei die Füße im Wasser hinterhergezogen werden wie ein Anker an einem Schiff. Wenn normales Aufwindsegeln nicht möglich ist, weil nicht genug Seegang herrscht und die Wellen nicht hoch genug sind, um Aufwind zu erzeugen, dann wären die Sturmschwalben nur zu kurzen Gleitphasen in der Lage, bevor sie wieder mit ihren Flügeln schlagen müßten (trotz des sie unterstützenden Luftkisseneffekts). Wenn sie jedoch ihre langen Beine eintauchen, dann schleifen ihre Schwimmfüße durch das Wasser, so daß sie sich verhalten wie ein Papierdrachen, der am Ende einer Schnur im Wind hängt. Bei der Futtersuche kann die Sturmschwalbe somit große Flächen auf ökonomische Weise absuchen, indem sie sich vom Wind umherwehen läßt.

Kolibris

Kolibris sind die einzigen Vögel, die über einen längeren Zeitraum in ruhiger Luft auf der Stelle fliegen können. Man bezeichnet diese Flugweise beim Kolibri als Schwirr- oder Schwebflug. Normalerweise schweben sie nur für kurze Momente, und die Anstrengungen werden durch den energiereichen Nektar, den sie bei diesem Prozeß einsaugen, zur Genüge belohnt. Die Flügelschlagfrequenzen, die für den Schwirrflug benötigt werden, variieren von 10 Schlägen pro Sekunde beim stargroßen Riesenkolibri aus den Anden bis zu der unglaublichen Anzahl von 80 Schlägen pro Sekunde beim Amethystkolibri.
Ein Kolibriflügel ist eine starre Struktur, bei der die Armknochen reduziert sind, so daß der Flügel fast nur noch aus Handteil besteht, und der Ellbogen und das Handgelenk sind unflexible Verbindungen. Der Flügel schwingt nach unten (oder nach vorne) wie bei einem normalen Abschlag, dann dreht er sich beim Beginn des nach hinten führenden Auf-

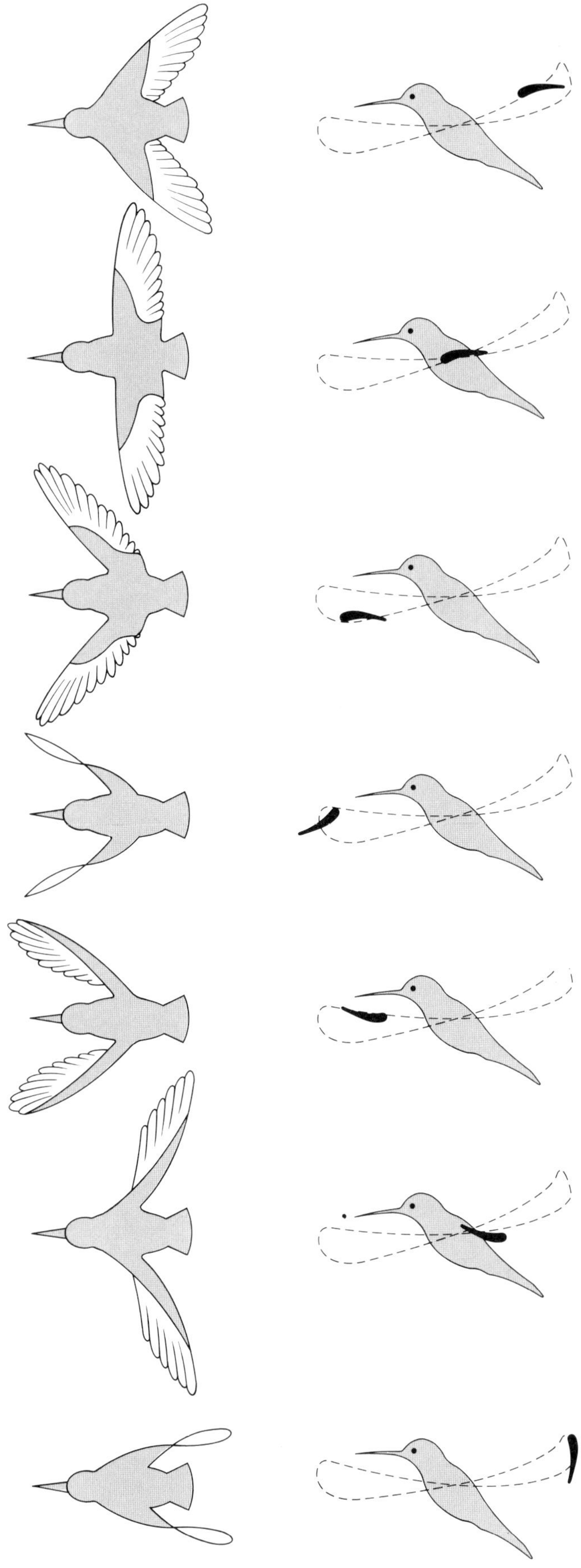

Rechts: Der einzigartige Flügelschlag des schwebenden Kolibris von oben und von der Seite betrachtet. Von oben nach unten: Die Flügel bewegen sich nach vorn, drehen sich und schlagen nach hinten, wobei die Unterseite des Flügels nach oben zeigt. Bei beiden Schlagphasen, also sowohl beim Vorschlag als auch beim Rückschlag, wird Auftrieb produziert, und der Widerstand ist ausgeglichen, so daß der Kolibri an nahezu unsichtbaren, schwirrenden Flügeln in der Luft hängt. Der Treibstoff, der diese anstrengende Flugweise ermöglicht, ist der energiereiche Blütennektar.

schlages herum, wobei er denselben positiven Anstellwinkel einnimmt, den er auch beim Abwärtsschlag nach vorne hat. Es ist unüblich für kleine Vögel, die Flügel beim Aufschlag nicht zusammenzufalten. Dies ist aber der Grund, weshalb der Auftrieb kontinuierlich und in gleichen Mengen sowohl beim Aufschlag als auch beim Abschlag produziert wird. Die Kraft für den Aufschlag wird durch einen relativ großen Supracoracoideus (Kleiner Brustmuskel) erzeugt, der mehr als halb so groß ist wie der Pectoralis, verglichen mit einem Supracoracoideus bei der Möwe, der nur ein 15tel des Pectoralis einnimmt. Weiterhin wird der Kolibri dadurch unterstützt, daß er keinen Rumpf- und Flügelwiderstand hat, da er auch keine Fluggeschwindigkeit besitzt. Andererseits gibt es aber auch keinen Fahrtwind über seinen Flügeln, der einen Auftrieb erzeugt, sondern nur den Schlagwind. Der induzierte Widerstand ist hoch, aber er ist bei Auf- und Abschlag gleich, so daß der Vogel ausbalanciert ist.

Links: Ein Flämmchenkolibri, der sich von einem Bergregenwald-epiphyten ernährt. In der Mitte des Rückschlages sind die Flügel bereits mit der Unterseite nach oben gekehrt und produzieren auf diese Weise auch beim Rückschlag Auftrieb.

Unten: Ein Streifenschwanzeupherusa gelangt an Nektar, indem er ein Loch in die Basis einer röhrenförmigen Lilienblüte bohrt.

Bei einem Manöver kippt der Kolibri seine Flügel ähnlich wie ein Hubschrauberpilot den Winkel des Propellers verändert, so daß die hebende Kraft nach vorne oder nach hinten gerichtet ist. Das Resultat ist, daß der Kolibri nach vorne sowie nach hinten fliegen kann oder sich auf seiner Achse drehen kann oder sogar eine Rolle machen kann und für eine Weile mit dem Kopf nach unten fliegt, wenn er gestört wird und eilig flüchten muß. Einige Männchen zeigen bei der Balz einen Seitwärtsflug, bei dem sie vor ihren Weibchen hin und her pendeln, während ihre Schnäbel stets nach vorne gerichtet sind.

Um genug Kraft für den Schwirrflug zu produzieren, haben die Kolibris große Flugmuskeln, in denen eine hohe Anzahl von Mitochondrien vorhanden sind (dies sind kleine Körperchen in den Gewebszellen, die als Kraftwerke der Zelle fungieren und für die Bereitstellung der Energie sorgen). Die Flugmuskeln werden mit Blut versorgt, das sehr viele rote Blutkörperchen aufweist, die den Sauerstoff transportieren. Der Treibstoff kommt aus dem Nektar, der im wesentlichen aus energiereichen Zuckerlösungen besteht, obschon auch Insekten und Spinnen zusätzlich aufgenommen werden. Die Futtermenge, die ein Kolibri täglich benötigt, entspricht etwa der Hälfte seines Körpergewichts. Diese Futtermenge kann er nur sammeln, indem er Hunderte oder Tausende von Blüten besucht (siehe Seite 128).

Das Leben in der Luft

Das Flugvermögen der einzelnen Vogelarten ist an ihre jeweiligen Lebensbedingungen angepaßt. Während einige Arten nur sehr schlecht fliegen können, sind andere fast ihr ganzes Leben über in der Luft. Dieses Kapitel beschäftigt sich mit der Art und Weise, wie die Vögel ihr Flugvermögen nutzen, um Nahrungsquellen zu erreichen, sich fortzupflanzen, um weite Wanderungen zu unternehmen und um Beutegreifern zu entgehen. Ökonomie ist die Regel, aber es gibt Zeiten, in denen sich auch sehr anstrengende Aktivitäten lohnen.

Ein Schwarm von Kapsturmvögeln hat sich in der Nähe einer antarktischen Küste versammelt, wo sich ein Schwarm mariner Lebewesen dicht unter der Wasseroberfläche aufhält.

Die Zeit, die in der Luft verbracht wird

Wir nehmen es als selbstverständlich hin, daß Vögel fliegen. Aber wie nutzen sie dieses Talent, das so starke Abwandlungen in der Anatomie und Physiologie notwendig machte? Fliegen ist eine sehr anstrengende Aktivität, und viele Vögel sparen Energie durch Anpassung ihres Flugstils an ihre speziellen Lebensbedingungen. Wie die Tabelle auf dieser Seite zeigt, besteht eine negative Korrelation zwischen der Zeitspanne, die ein Vogel in der Luft verbringt, und der Energie, die er für seinen Flug aufwenden muß.

Die Flugzeit pro Tag verglichen mit den Flugkosten, die als Vielfaches der im ruhenden Zustand benötigten Energie angegeben sind.

	Flugstunden pro Tag	Flugkosten
Rotkehlchen	0,5	22,6
Turmfalke	1,7	16,2
Star	2,5	8,1
Rauchschwalbe	9,1	4,8
Mauersegler	16,6	3,4

Viele Jagdvögel wie Fasanen, Rebhühner, das Schottische Moorschneehuhn und Rallen, wie das Bläßhuhn, das Teichhuhn und die Sumpfhühner fliegen nur sehr selten und ziehen meistens das Gehen vor. Einige Vögel fliegen sehr ungern, so daß sie als „fast nicht fliegend“ bezeichnet werden müssen, wie z. B. die Zeledonien aus Zentralamerika. Diese Vögel haben eigentlich wenig Gelegenheit, ihr Flugvermögen zu nützen, weil sie sich auf dem Boden ernähren, wo sie Futter sammeln, und sie müssen sich langsam bewegen, damit sie bei jedem Schritt gründlich suchen können. Die Küken verlassen das Nest bereits kurz nach dem Schlüpfen und begleiten dann ihre Eltern. Deshalb besteht für die Eltern nicht die Notwendigkeit, zwischen Nest und Nahrungsquelle hin und her zu fliegen, um Futter für die Jungen herbeizuschaffen.

Der einzige verbleibende Grund zum Fliegen ist, bei Gefahr fliehen zu können. Es gibt jedoch auch einige bodenbewohnende Vogelarten, die es vorziehen, bei Gefahr wegzulaufen, es sei denn, sie geraten in eine extrem bedrohliche Situation. Dies bedeutet nicht, daß diese Vögel schlechte Flieger sind. Ein gutes Beispiel hierfür ist der Wachtelkönig, der aufgrund seiner Versteckstrategie und seiner Aversion gegen das Fliegen nur sehr schwer zu beobachten ist. Nichts an seiner Erscheinung verrät, daß er zu einem sehr ausdauernden Flug in der Lage ist. Trotzdem ist der Wachtelkönig ein Langstrekkenzieher, der jährlich von Europa bis in die afrikanischen Tropen wandert. Zu diesem Zweck haben Vögel wie der schwergewichtige Wachtelkönig und andere Rallen eine hohe Flügelstreckung, aber keine Spaltflügel. Flügel dieser Art sind gut geeignet für einen ausdauernden Flug, aber erleichtern nicht gerade das Abheben.

Im Gegensatz hierzu verbringen Geier, Albatrosse, Segler und Schwalben die meiste Zeit ihres Lebens in der Luft. Ihr Flugstil ermöglicht ihnen, beachtliche Distanzen ohne große Anstrengungen zurückzulegen. So können sie auf ihrer Suche nach Futter für die Nestlinge große Flächen über See oder über Land durchstreifen. Der Flug dieser Vögel ist energiesparend, weil sie so viel wie möglich gleiten und weil sie zusätzlich Segeltechniken anwenden, um ihre Flugkosten zu minimieren.

Vögel, die sehr selten fliegen, und solche, die die meiste Zeit ihres Lebens in der Luft verbringen, sind die beiden Extreme eines breiten Spektrums. Dazwischen gibt es Tausende von Arten, die hauptsächlich aus den bereits genannten drei Gründen fliegen: um Futter zu finden, um ein Weibchen zu finden und Junge aufzuziehen, und um Gefahren zu entgehen.

Nur sehr selten sieht man einen Vogel, der aus keinem ersichtlichen Grund fliegt, und die einzige Erklärung hierfür ist die pure Lust am Fliegen. Es ist sehr offensichtlich für jemanden, der häufiger wilde Vögel beobachtet, oder selber Hausvögel hält, daß diese sich hin und wieder dem Spiel widmen. Zoologen tun sich schwer damit, diese Verhaltensweisen zu erklären oder überhaupt den Begriff Spiel eindeutig zu definieren. Ein vertrauter Anblick in der Nähe einer Krähenkolonie ist das „Dahinjagen“ der Saatkrähen, das vor allem im Herbst gut zu beobachten ist. Eine Schar von etwa hundert Individuen kreist mit lautem Gekrächze hoch im Wind. Dann kommen sie kaskadenartig herunter, wobei sie sich drehen und wenden, bis sie wieder die Baumspitzen erreicht haben. Julian Huxley, einer der Pioniere der Verhaltensforschung an Vögeln, beschreibt dies als einen Sport, an dem sich die Saatkrähen erfreuen. Eine Aktivität wird sehr schnell als Spiel bezeichnet, wenn sie für das menschliche Auge nach Spiel aussieht und keinem offensichtlichen Zweck dient. Aber das „Dahinjagen“ könnte in irgendeiner Weise für das soziale Leben der Krähenkolonie von Bedeutung sein.

Ein Vogel kann nur dann spielen, wenn er überschüssige Zeit und Energie hat. Die Jungvögel spielen am meisten, weil ihre Eltern ihnen die mühevolle Aufgabe des Futtersuchens abnehmen. Die Jungen profitieren von dem Spiel, da sie hierbei die Fertigkeiten üben können, die sie im späteren Leben benötigen werden. Die Mitglieder einer Greifvogelfamilie führen Scheinattacken aufeinander und auf leblose Objekte aus. Junge Fregattvögel stoßen herunter und ergreifen Blätter oder andere Objekte, die auf dem Wasser treiben, und junge Turmfalken verbringen Stunden mit Rütteln, wobei sie hin und wieder niederstoßen, um Stöcke oder Kienäpfel zu ergreifen.

Es ist weniger offensichtlich, warum die Altvögel spielen. Warum fliegen z. B. Kolkraben mit Zweigen im Schabel auf, lassen diese fallen und fangen sie wieder aus der Luft heraus? Spiele in der Luft finden oft während starker Winde statt oder in Wirbeln und Aufwinden entlang von Klippen, so daß die Spieler nicht zuviel Energie dabei verschwenden. Das seltsamste Spiel, von dem ich je gehört habe, wurde von einem Paar von Bläßgänsen erfunden, die entlang eines Gebirgskamms bei einem sturmartigen Wind hin und her segelten, wobei sie immer wieder kurz landeten oder die Landebewegungen übten. Segeln gehört eigentlich nicht zum Verhaltensrepertoire der Gänse. Deshalb scheint es keine andere Erklärung zu geben, als daß sie sich an dieser ungewöhnlichen Gelegenheit zu einem mühelosen Flug erfreuten.

Das Fliegen bei der Nahrungssuche

Zoologen, die sich mit den Ernährungsgewohnheiten der Tiere beschäftigen, haben herausgefunden, daß die Tiere versuchen, mit möglichst geringem Energieaufwand große Ausbeuten zu erzielen. Bei den Vögeln ist vor allem ein ökonomischer Flug von Bedeutung, wie bei der Rabenkrähe wunderschön gezeigt wird. Sie fängt Wellhornschnecken bei Ebbe und zerbricht die Schalen, indem sie die Schnecken in die Luft trägt und sie von oben auf die Felsen fallen läßt. Nur die größten Wellhornschnecken werden genommen, weil sie leicht zerbrechen und weil sie eine lohnenswerte Mahlzeit sind. Aber die Krähe achtet darauf, daß sie nicht zuviel Energie dabei verschwendet, indem sie zu hoch fliegt, bevor sie die Schnecke fallen läßt. Andererseits, wenn sie nicht hoch genug steigt, wird die Schale nicht zerbrechen. Beobachtungen ergaben, daß die Krähen die Schnecken aus einer Höhe von 5 m fallen lassen, was laut Experimenten die ökonomischste Höhe ist.

Ein Grauschnäpper fliegt mit einem Falter zurück zum Nest. Große Insekten sind schwierig zu verfolgen und zu fangen.

Sparsamkeit ist eine Tugend. Wenn ein Tier Schwierigkeiten hat, Nahrung zu finden, dann beginnt es irgendwo anders nach Futter zu suchen, oder es stellt seine Ernährung auf andere Nahrungsquellen um. Da für den Flug große Energiemengen benötigt werden, ist es für die Vögel besonders wichtig, gute Ausbeuten bei ihrer Nahrungssuche in der Luft zu erzielen. Der Grauschnäpper z. B. ist ein Ansitzjäger. Er ernährt sich, indem er auf einer Sitzwarte verharrt, bis ein Insekt vorbeikommt, das er dann im Flug ergreift. Er bevorzugt mittelgroße Schmeißfliegen oder andere Fliegen, die für ihn einen relativ großen Bissen darstellen.
Die Vögel, die sich am Boden ernähren, haben einen Vorteil gegenüber Vögeln, die sich in der Luft ernähren, weil sie sich nicht darum sorgen müssen, ob ihre Mahlzeit zu leicht oder zu schwer ist. Wenn ein Vogel sein Futter im Flug tragen soll, wird er durch eine erhöhte Flügelflächenbelastung behindert. Kleine Vögel haben genug Kraft, um eine zusätzliche Nutzlast zu tragen, die genauso groß ist wie ihr eigenes Gewicht. Dies ist vor allem für Zugvögel von Bedeutung. Im täglichen Leben ist es wichtig, die Flugkosten möglichst gering zu halten. Deshalb versteckt der Turmfalke, wenn viel Futter vorhanden ist, seinen ersten Fang, den er am Tag macht. So muß er die Nahrung nicht gleich aufnehmen, und die Energiekosten des Rüttelflugs werden somit nicht durch zusätzliches Gewicht erhöht. Am Abend kehrt er dann zurück, um die Beute zu fressen, und begibt sich schließlich mit gefülltem Kropf zur Nachtruhe.

Oben: Silbermöwen überholen einen Eissturmvogel, der mit einem schweren Fisch beladen ist. Sie werden ihn zwingen, seine Beute fallen zu lassen.

Links: Die Ökonomie des Bienenfressers basiert darauf, daß er in der Lage ist, die meist flink und agil fliegenden Beutetiere in der Luft zu fangen.

Unten: Der Neuntöter jagt wie ein Greifvogel, indem er kleine Tiere von einer Sitzwarte aus erblickt und sie dann im Sturzflug ergreift.

Das Problem einer Nutzlast wird sehr akut bei Aasfressern, wie Geiern und dem albatrosgroßen Riesensturmvogel der südlichen Meere. Das Ziel eines jeden Vogels ist, seinen Kropf mit soviel Fleisch wie möglich zu füllen, bevor andere alles aufgefressen haben. Dann erholt er sich von dieser Balgerei ums Futter und läßt sich nieder, um in Ruhe zu verdauen. Wenn er dann gejagt wird, rennt der Geier weg und versucht zu starten, aber oftmals gelingt es ihm nicht. In extremen Situationen würgt er die hart erkämpfte Nahrung wieder aus, um seine Nutzlast zu verringern, bevor er einen weiteren Startversuch unternimmt.

Die Notwendigkeit, die Last zu verringern und Belästigungen zu entgehen, wird von Vögeln ausgenutzt, die durch Räuberei an eine schnelle Mahlzeit geraten. Die Spezialisten auf diesem Gebiet sind die Fregattvögel und die Skuas, die andere Seevögel jagen, wenn diese mit Futter für ihre Nestlinge zurückkommen. Es scheint, als wüßten sie genau, wann es sich lohnt, einen Vogel zu verfolgen. Sie erkennen dies an dem schwerfälligen Flug ihres Wirtes, und sie nutzen dann ihre Überlegenheit in Bezug auf Fluggeschwindigkeit und Manövrierfähigkeit, um dem ankommenden Vogel in einem wilden Luftkampf seine Beute abzujagen, wenn es sich z. B. um eine flinke Seeschwalbe, eine Dreizehenmöwe oder um einen Tropikvogel handelt. Die weniger wendigen Arten, wie die Alken, verfolgen sie auf einem geradlinigen Kurs und entreißen ihnen die Beute mit einem schnellen Griff.

Greifvögel: Greife, Falken und Eulen

Es gibt zwei Jagdstrategien bei den Greifvögeln. Die eine Strategie wird von den Wanderfalken, den Adlern oder den Sperbern verfolgt, die hinter ihrer Beute herjagen. Die andere Strategie findet man bei der Sumpfohreule oder bei den Weihen, die langsam den Boden absuchen. Die meisten Greifvögel bevorzugen entweder die eine oder die andere Jagdstrategie. Die erstgenannten sind die Attackierer, die von einer Sitzwarte aus die Beute mit hoher Geschwindigkeit anfliegen und sie dann in einer agilen Verfolgungsjagd ergreifen, während die letzteren sogenannte Sucher sind, die lange Zeit damit verbringen, über ihrem Nahrungsrevier zu patrouillieren, wobei sie aktiv nach Beute Ausschau halten.
Die Attackierer haben hohe Flügelflächenbelastungen, d. h. ihr Körpergewicht ist relativ hoch, und dadurch können sie die nötige Geschwindigkeit erreichen, um ihre Beute zu überholen. Nur wenige Bilder in der Natur sind so beeindruckend wie das Bild eines Falken, der sich auf seine Beute stürzt: Der Jäger saust blitzschnell heran, während das Opfer im Zick-Zack-Kurs versucht, den Verfolger abzuschütteln.
Es kann sein, daß der Wanderfalke im horizontalen Flug nicht schneller ist als eine Ente oder eine Taube. Deshalb attackiert er seine Beute, indem er sich von oben auf sie herabfallen läßt, weshalb er oftmals vor dem Angriff aufsteigen muß. Die hohe Beweglichkeit der Beute ist ein Vorteil, der vom Wanderfalken durch sein Gewicht, das ihm eine Geschwindigkeit verleiht, die dem freien Fall nahe kommt, wenn er auf seine Beute hinunterstürzt, ausgeglichen wird. Die Technik des Wanderfalken ist, das Nahrungsgebiet von einer Sitzwarte aus oder kreisend aus der Luft zu beobachten; wenn eine Beute erscheint, beginnt er mit der Jagd. Dabei steigt er zunächst in einer Spirale auf, um an Höhe zu gewinnen, bis er schließlich einen Angriff von oben aus starten kann. Hierbei beschleunigt er so stark, daß er die Beute überholt. Eine Kollision mitten in der Luft bei dieser Geschwindigkeit wäre für den Falken genauso fatal wie für sein Opfer. Aber ein Falke kann eine Beute, die größer ist als er selber, erlegen, indem er ihr einen blitzartigen Tritt mit seinen Füßen versetzt oder indem er sie mit seinen Klauen reißt. Der Wanderfalke kann die Beute meist nicht auf der Stelle töten; mehrere Anflüge und Tritte werden benötigt, bis das Opfer schließlich zu Boden fällt. Dabei hinterläßt es eine Spur von Federn, die der Stempel des Wanderfalken ist.
Analysen von Wanderfalkenrupfungen zeigen, daß die Diät hauptsächlich aus kleinen bis mittelgroßen Vögeln besteht; d. h. von Singvögeln über Tauben, Papageitauchern, Rebhühnern bis zu Moorschneehühnern. Sie können jedoch auch Rei-

Unten: Eine Zwergohreule, die soeben ein Heimchen fängt. Beim Bremsen wirft sie die Füße nach vorne, um deren Schwung zu vergrößern und die Beute zu ergreifen.

Oben: Nach einem langen Suchflug verliert ein hungriger Mäusebussard an Höhe, um einen am Boden liegenden Kadaver zu inspizieren. Er fliegt sehr langsam, wobei der Luftstrom an den Armteilen der Flügel abreißt.

Rechts: Der jagende Turmfalke muß schnell zuschlagen, um eine Wühlmaus zu ergreifen, bevor sie sich in ihren sicheren Bau zurückziehen kann.

her, Nonnengänse und Auerhähne, die wesentlich größer sind als die Wanderfalken selbst, angreifen und töten. Man sollte annehmen, daß ein Räuber eine Beute verfolgt, die wesentlich kleiner ist als er selbst, so daß er sie leicht überwältigen kann. Aber die Manövrierfähigkeit wird mit zunehmender Größe geringer, so daß der Räuber, wenn er größer ist als seine Beute, Schwierigkeiten haben wird, in die Nähe seines Opfers, das kleiner und beweglicher ist als er selber, zu gelangen. Viele Opfer des Wanderfalken sind zwar sehr schnell, aber nicht besonders beweglich, so daß sie Schwierigkeiten haben, einer Attacke auszuweichen.

Die Sperber haben sich darauf spezialisiert, kleine Vögel zu fangen, und sie wenden dabei eine Versteck- und Überraschungstaktik an. Sie sind bekannt für ihre ungestümen Anflüge entlang von Waldrändern und Hecken, wobei sie niedrig fliegen und durch eine Lücke hindurchschlüpfen, plötzlich um eine Ecke biegen oder über eine Hecke jagen, um kleine Vögel, die nicht auf einen Angriff vorbereitet sind, zu fangen. Aber dies ist nicht die normale Jagdtechnik. Wesentlich häufiger fliegt der Sperber von einer Sitzwarte zur nächsten, wobei er auf jeder Sitzwarte eine Pause über mehrere Minuten einlegt, so daß er die Umgebung absuchen kann. Wenn er Beute entdeckt hat, startet er einen Angriff, wobei er entweder flach abfliegt, ohne sich zu verstecken, oder er nutzt die Deckung

durch die Vegetation aus, je nachdem wie groß die Fläche ist, die er überqueren muß, bevor er die Beute schlagen kann.
Im Gegensatz zu angreifenden Wanderfalken oder Sperbern, bei denen unbewegliche Beobachtungsphasen, in denen sie den Luftraum absuchen, mit kurzen schnellen Aktionen abwechseln, verbringen die sogenannten Sucher Stunden in der Luft, um nach ihrer Beute Ausschau zu halten. Sie haben niedrige Flügelflächenbelastungen, um einen langsamen, stark hebenden und energiesparenden Flug ausführen zu können, und sie jagen meist kleine, aber sehr häufige Beutetiere. Milane und Weihen sind typische Sucher. Mit ihren langen Flügeln und langen Schwänzen, die ihnen eine hohe Manövrierfähigkeit bei niedriger Fluggeschwindigkeit verleihen, durchstreifen sie offene Flächen, wobei sie mühelos auf ihren ausgebreiteten Flügeln dahingleiten und hin und wieder kurze Phasen des Schlagflugs einlegen. Ihre Beute wird eher durch einen Überraschungsangriff gefangen als durch eine Verfolgung; der Angreifer läßt sich plötzlich aus der Luft fallen und stürzt dann auf die Beute, bevor diese reagieren kann.

Geier

Die Geier zeichnen ein überwältigendes Bild von Leben und Tod in der afrikanischen Savanne. Sie segeln entweder auf breiten ausgestreckten Flügeln als Schwarm hoch oben am Himmel, wobei sie die Landschaft unter sich nach toten oder

Oben: Die australische Fleckenweihe jagt, indem sie bei ihrer Suche nach kleinen Tieren langsam über dem Boden kreist. Die nach außen gebogenen Handschwingen und der aufgefächerte Schwanz unterstützen den langsamen Flug.

Unten: Greifvögel brauchen ein gutes Timing, das in Bruchteilen einer Sekunde abläuft, um lebende Tiere zu fangen. Dieser Schreiseeadler muß seinen Beuteflug an das Schwimmen des Fisches unter Wasser anpassen, und er muß mit der unterschiedlichen Lichtbrechung im Wasser und in der Luft zurechtkommen, die eine genaue Ortung der Beute erschwert.

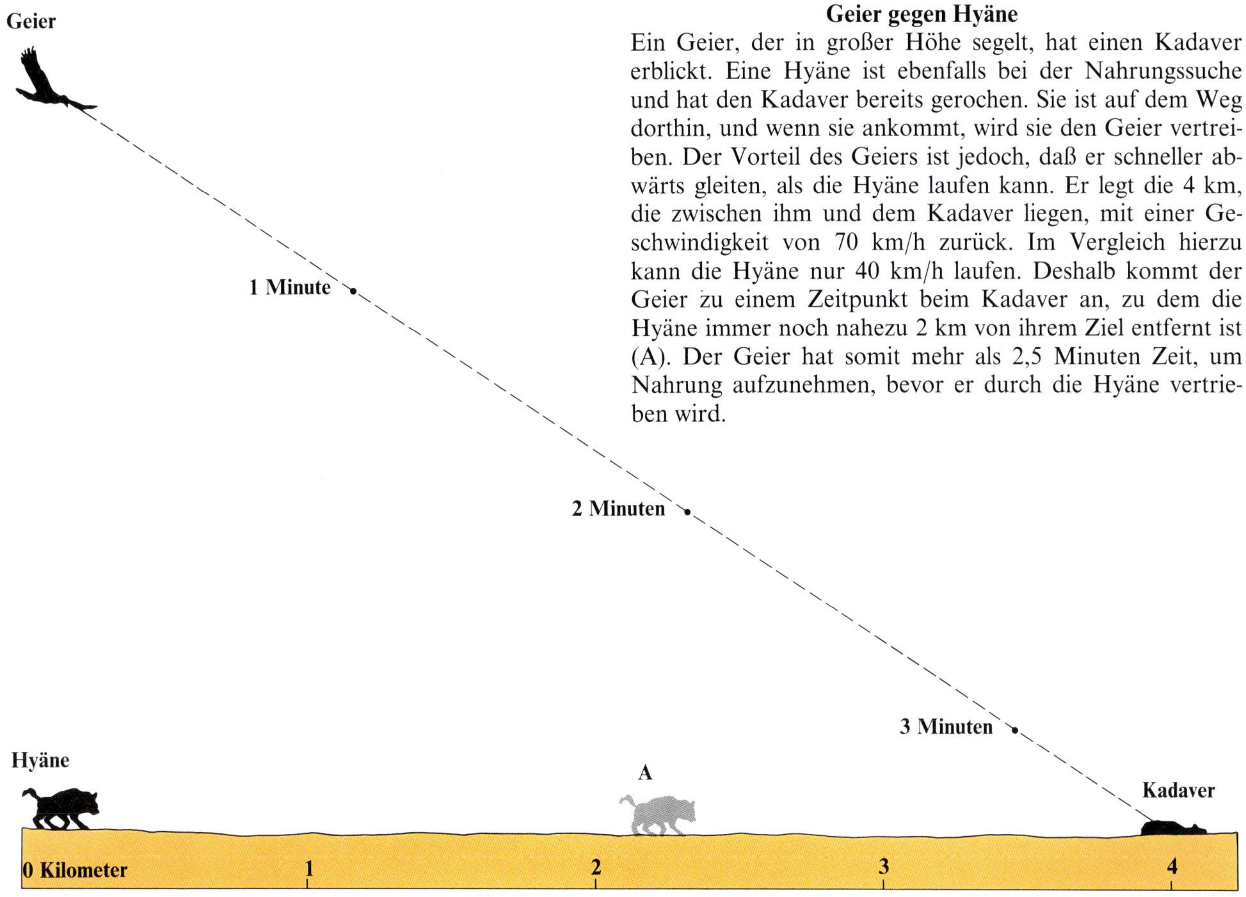

Geier gegen Hyäne

Ein Geier, der in großer Höhe segelt, hat einen Kadaver erblickt. Eine Hyäne ist ebenfalls bei der Nahrungssuche und hat den Kadaver bereits gerochen. Sie ist auf dem Weg dorthin, und wenn sie ankommt, wird sie den Geier vertreiben. Der Vorteil des Geiers ist jedoch, daß er schneller abwärts gleiten, als die Hyäne laufen kann. Er legt die 4 km, die zwischen ihm und dem Kadaver liegen, mit einer Geschwindigkeit von 70 km/h zurück. Im Vergleich hierzu kann die Hyäne nur 40 km/h laufen. Deshalb kommt der Geier zu einem Zeitpunkt beim Kadaver an, zu dem die Hyäne immer noch nahezu 2 km von ihrem Ziel entfernt ist (A). Der Geier hat somit mehr als 2,5 Minuten Zeit, um Nahrung aufzunehmen, bevor er durch die Hyäne vertrieben wird.

sterbenden Tieren absuchen, oder sie versammeln sich zu einem unbeholfenen, sich streitenden Haufen, um einen Kadaver zu verschlingen. Bemerkenswert ist weiterhin die Art und Weise, wie die Geier sich über den Bergen drehende Luftströme ausnutzen, um weite Entfernungen zurückzulegen, was zur Nutzung von weit verteilten und unvorhersagbaren Nahrungsquellen oft nötig ist.

Die Technik, die der Geier anwendet, um bei einem Minimum an Energieaufwand für viele Stunden in der Luft zu verweilen, wurde von Colin Pennycuick untersucht. Er begleitete die Geier in einem Segelflugzeug und fand heraus, daß es Ähnlichkeiten in den Techniken gibt, die von Segelfliegern und Geiern benutzt werden. Die Segelflieger müssen ihre Maschinen ohne eigene Kraftproduktion in der Luft halten, und die Geier versuchen ebenfalls, so wenig Kraft wie möglich zu verbrauchen. Bei beiden ist der Gleitwinkel entscheidend.

Dies ist der Winkel, den die Abstiegsbahn zur Horizontalen bildet. Ein kleiner Gleitwinkel bedeutet, daß die Geier bei geringem Höhenverlust einen langen Weg zurücklegen. Aber das Erfolgsgeheimnis des ökonomischen Flugs über lange Distanzen liegt in der Fähigkeit des Geiers, seine Umgebung segelnd abzusuchen, wobei er immer wieder aufsteigende Luftströmungen nutzt, um Auftrieb zu erhalten. Auf diese Weise erspart er sich die Anstrengungen des Schlagflugs.

Da der Geier den über das Land wandernden Wildherden folgen und eventuell auch 1–2 kg Futter zum Nest bringen muß, steigt er in einer Thermik auf, bis der aufsteigende Luftstrom schwächer wird, dann löst er sich aus dieser Thermik, um zur nächsten zu fliegen. Bei dieser Segeltechnik wechseln spiralförmige Steigphasen, in denen der Geier an Höhe gewinnt, mit langen Gleitphasen ab. Sein Vorwärtskommen wird durch Thermikstraßen unterstützt. Darunter versteht man eine Reihe von Thermiken, die mit dem Wind abdriften. Unter solchen Bedingungen muß der Geier nicht in der Thermik aufsteigen, sondern kann gleich durch diese Thermiken hindurchfliegen. Wenn er die Zone der sich abwärtsbewegenden Luft am Rand des Wirbels überquert, erhöht er die Fluggeschwindigkeit, um den Höhenverlust zu minimieren. Wenn er dann durch die aufsteigende Luftströmung im Zentrum der Thermik fliegt, wird er langsamer, um den Auftrieb optimal nutzen zu können.

Von den Geiern, die in der afrikanischen Savanne leben, sind der Weißrückengeier und der Sperbergeier die größten Arten, und sie sind am besten angepaßt an das Überfliegen großer Flächen. Dies kommt daher, weil ihnen ihre relativ hohe Flügelflächenbelastung die Fähigkeit zu einem schnellen Gleiten verleiht (verglichen mit den kleineren Arten, wie dem Ohrengeier und dem Wollkopfgeier). Der Nachteil einer hohen Flügelflächenbelastung besteht darin, daß das Starten am Morgen nicht eher erfolgen kann, bis der Boden sich genügend aufgewärmt hat, um Thermiken zu produzieren, die stark genug sind, den Vögeln das Abheben vom Boden zu ermöglichen. Der Sperbergeier kann sich jedoch bereits beim ersten Tageslicht in die Luft erheben, weil er sein Nest auf Klippen

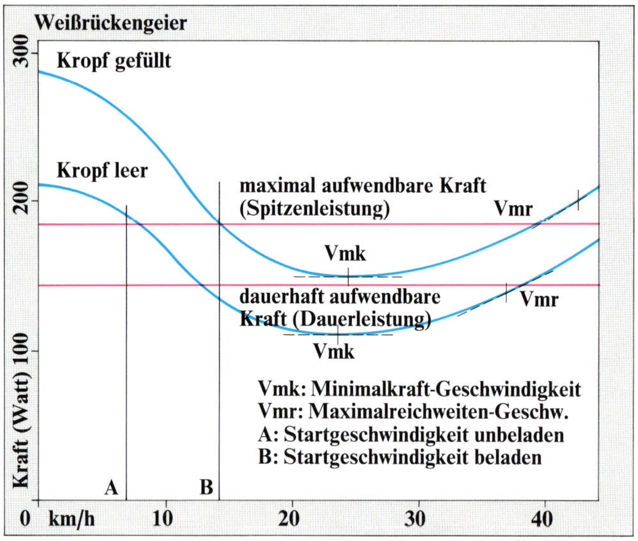

Oben: Vollgefressene Geier können nur starten, indem sie Anlauf nehmen oder starke Thermiken ausnutzen, und sie können sich nur mit Mühe durch Schlagflug in der Luft halten.

Unten: Ein Königsgeier kann leicht starten, indem er von einer Sitzwarte herunterspringt.

baut, wo er im Hangaufwind segeln kann. Weißrückengeier nisten in Bäumen und können einfach durch Abspringen starten, aber sie ziehen es vor, die Entstehung der Thermiken abzuwarten, bevor sie den Flug über die offene Landschaft beginnen. Trotzdem starten sie manchmal früh am Morgen, wenn die Rufe eines Hyänenrudels, das auf der Jagd ist, sie wecken und sie zu einer sicheren Mahlzeit einladen.

Die Fähigkeit, weit über das Land zu fliegen, ist eng verknüpft mit der Art des Jagens. Die kleineren Arten haben nicht so einen weiten Aktionsradius und fliegen relativ niedrig über ihre individuellen Jagdterritorien. Im Gegensatz dazu haben der Sperber- und der Gänsegeier ein Nahrungsterritorium, das Hunderte von Quadratkilometern groß ist. Sie kreisen auf einer Höhe von 2000 m oder höher, wobei sie ihre Köpfe nach unten neigen, um die Bewegungen der Räuber und der Beute am Boden und die der anderen Geier um sie herum genau beobachten zu können.

Wenn der Geier einen Kadaver gesichtet hat, darf er keinen Moment verschwenden, um dorthin zu gelangen. Vor allem kleinere Arten müssen sich bereits ihren Happen abgeholt haben, bevor größere Vögel, die wahrscheinlich das Ganze von oben beobachtet haben, beim Kadaver ankommen. Alle Geier müssen weiterhin einen Wettlauf mit den Hyänen machen, die meist den Abstieg der Geier beobachten und versuchen, eher bei dem Kadaver zu sein, um die Konkurrenten zu vertreiben. Wenn sie eine Beute erblickt haben, werden die Anstrengungen, die sie bis dahin unternommen haben, um ihre Höhe zu halten, nun für einen schnellen Abstieg gebraucht. Sie falten ihre Flügel zusammen, um die Flügelfläche um ein Drittel zu verkleinern und den Auftrieb zu verringern. Dann lassen sie ihre Beine herab, um den Widerstand zu vergrößern. Auf diese Weise reduzieren sie das Gleitverhältnis, so daß Gleitwinkel und Geschwindigkeit vergrößert werden. Das Resultat ist ein zischender Sturzflug, der den Geiern ihren Vorteil im Konkurrenzkampf mit den Hyänen verschafft. Die Geier überholen die Hyänen und bekommen so einige Minuten Vorsprung – Zeit genug, um sich bis zur Überfüllung mit Nahrung vollzustopfen.

Vorausgesetzt, daß sie nicht gestört werden, können die Geier hinterher ausruhen und ihre Mahlzeit verdauen. Aber zur Brutzeit müssen die Vögel mit Futter für die Jungen zum Nest zurückfliegen. Colin Pennycuick fing einen Weißrückengeier, der nicht in der Lage war abzuheben, weil er 1140 Gramm Zebrafleisch in seinem Kropf hatte. So wird das Abheben für die adulten Geier zum Problem. Es kann sein, daß sie etwas von dem Futter verdauen müssen, um die zusätzliche Last so weit zu reduzieren, daß sie von den starken Thermiken am Nachmittag Gebrauch machen können, um wieder in die Luft zu steigen. Aber wenn sie einmal in der Luft sind, dann können sie auch schnell zum Nest zurückkehren. Das zusätzliche Gewicht in ihren Kröpfen erhöht die Flügelflächenbelastung, so daß sie zwischen den einzelnen Thermiken schneller gleiten können.

Das Diagramm auf dieser Seite zeigt, daß ein unbeladener Weißrückengeier laufen muß oder von einem Baum springen muß, um genügend Geschwindigkeit zum Abheben zu bekommen. Er kann nur dann fliegen und nach Futter suchen, wenn er mit seiner Maximalreichweiten-Geschwindigkeit fliegt, obschon er lieber langsamer fliegen und segeln würde. Wenn er Nahrung aufgenommen hat, verschiebt sich seine Kraft-Geschwindigkeits-Kurve nach oben und zeigt, daß ein Abheben ohne zusätzliche Unterstützung unmöglich ist und die Kraft des Vogels nicht mehr für einen kontinuierlichen Flug ausreicht.

Kolibris

Der einzigartige Schwirrflug der Kolibris (siehe Seite 115) gibt ihnen Zugang zu energiereichen Nahrungsqellen. Der Kolibri muß sich jedoch sicher sein, daß er genügend Blüten in seiner Umgebung hat, die für seine Bedürfnisse ausreichen. Obschon Nektar eine energiereiche Nahrungsquelle ist, müssen die Kolibris etwa 2700 Blüten pro Tag besuchen, um ihren Energiebedarf zu decken. Um das Ganze effektiv zu machen, verbringen die Kolibris die meiste Zeit des Tages damit, ruhig auf einer Warte zu sitzen, und fliegen nur für einige Stunden, um Nahrung aufzunehmen. In der Regel benutzen große und kleine Arten verschiedene Strategien, um an den täglichen Nektar zu gelangen. Die kleineren Arten haben meist ein Nahrungsrevier, d. h. eine bestimmte Fläche, die mit Blütenpflanzen bestanden ist und gegen andere Kolibris verteidigt wird. Dazu wählen sie eine Fläche, auf der die Blüten dicht genug stehen, so daß die Verteidigung dieser Fläche gegen Eindringlinge mit geringem Energieaufwand zu leisten ist. Die Beziehung zwischen Flächengröße und Blütendichte wurde anhand eines Experiments gezeigt, in dem einige der Blüten einer vom Kolibri bewachten Fläche mit Beuteln abgedeckt wurden. Der Vogel vergrößerte diese Fläche, um mehr Blüten einzuschließen, aber er verringerte sie sofort wieder auf die ursprüngliche Größe, nachdem die Beutel entfernt wurden.

Größere Arten benutzen eine Strategie, die als traplining bekannt ist und bei der der Kolibri bei weit verteilten Blüten von einer zur nächsten fortschreitet. Diese Kolibris fliegen sehr schnell auf dem Weg zwischen den einzelnen Blüten. Der Langschwanzeremit aus Zentralamerika fliegt mit einer Geschwindigkeit von 35–40 km/h von einer Blüte zur nächsten (die territoriale Rostamazilie hingegen erreicht nur eine Geschwindigkeit von 4 km/h). Dies liegt weit über der Maximalreichweiten-Geschwindigkeit von 27 km/h und ist fast so energieaufwendig wie der Schwirrflug. Aber das Fliegen mit hoher Geschwindigkeit bedeutet für die Kolibris, daß sie mehr Blüten besuchen können bei einem Nahrungsflug und damit auch eine große Menge an Nahrung aufnehmen können.

Segler und Schwalben

Der energieaufwendige Schwirrflug der Kolibris ist das genaue Gegenteil des Gleitflugs, den man bei Seglern und Schwalben sieht, deren lange, schmale Flügel so ausgelegt sind, daß sie möglichst wenig Widerstand produzieren. Im allgemeinen ist ihr Flug sehr energiesparend, und sie können daher viele Stunden am Tag in der Luft verbringen bei ihrer Suche nach Insekten.

Bei den Brutvogelarten der Britischen Inseln (Rauchschwalben, Mehlschwalben, Uferschwalben und Mauersegler) lassen sich Beziehungen zwischen dem Flugstil, der Art der Nahrung und dem Brutzeitraum erkennen. Die Größe der Insekten, die die einzelnen Arten bevorzugt fressen, nimmt von den Mauerseglern über Mehlschwalben, Uferschwalben bis hin zu den Rauchschwalben zu. Dies hängt nicht nur von der Größe des Schnabels ab, sondern auch von der Manövrierfähigkeit des Vogels. Bei einer Untersuchung der Ernährungsgewohnheiten

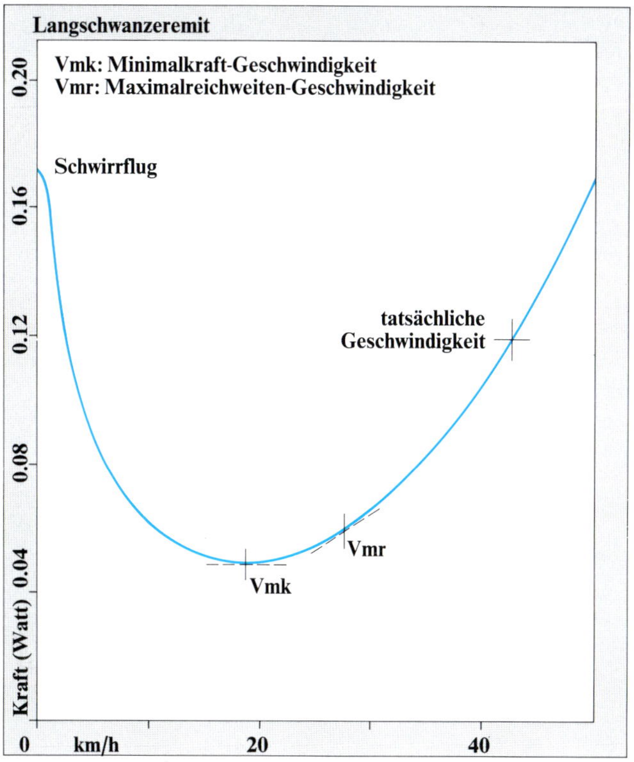

Oben: Dreifarbenkolibris nehmen gemeinsam Nahrung auf. Jeder Kolibri muß Zugang zu genügend Blüten haben, um seinen täglichen Energiebedarf zu decken.

Rechts: Der Langschwanzeremit fliegt besonders schnell auf dem Weg von einer Blüte zur nächsten, so daß er bei einem Nahrungsflug so viele Blüten wie möglich besuchen kann.

	Mauersegler	Mehlschwalbe	Uferschwalbe	Rauchschwalbe
Flügelflächenbelastung	3,86	4,74	5,03	6,11
Index der Manövrierfähigkeit	1,8	3,1	3,9	5,2
Ankunftszeit in Großbritannien	Ende Mai	Anfang Mai	Anfang April	Mitte April
Eiablage	Ende Mai	Mitte Mai	Ende April	Ende April
Gelegegröße der 1. Brut	2–3	3–5	4–6	4–6
Prozentanteil der Vögel mit Zweitgelegen	0	87	60–90	67–92

dieser Arten dividierte D. R. Waugh bei jeder Vogelart die Länge der äußeren Schwanzfedern durch das Körpergewicht, um einen sogenannten „Index der Manövrierfähigkeit" zu berechnen. Die Rauchschwalbe hat einen Index von 5,2, aber die Mauersegler haben nur einen Index von 1,8. Die Uferschwalbe und die Mehlschwalbe liegen dazwischen bei einem Index von 3,9 bzw. 3,1. Diese Zahlen stimmen mit den Ernährungsgewohnheiten dieser Vögel überein.

Die Extreme auf der Skala der Manövrierfähigkeit bilden die Mauersegler und die Rauchschwalben. Während die Mauersegler sehr ökonomisch gleiten und auf ihrem geraden und direkten Kurs kleine weit verteilte Insekten aufnehmen, so wie Blattläuse, die durch aufsteigende Strömungen hoch in die Luft transportiert werden, fliegt die Rauchschwalbe niedriger, wobei sie mit relativ großem Energieaufwand hierhin und dorthin jagt, um sehr mobile Insekten, wie Fliegen, zu fangen. Wenn die Rauchschwalben sich ebenfalls von Blattläusen ernähren, fliegen sie höher als normal und gesellen sich zu den Mauerseglern, deren Gleitgewohnheiten sie dann nachahmen. Die Flugmuster dieser einzelnen Arten erklären weiterhin die Unterschiede in den Brutgewohnheiten, wie in der Tabelle auf dieser Seite gezeigt wird.

Große Insekten wie Hausfliegen oder Schwebfliegen erscheinen früh im Jahr, weit früher als die Blattläuse, die sich erst mit der Erwärmung der Luft von der Vegetation lösen und in die Luft aufsteigen. Deshalb kehren die Rauchschwalben und Uferschwalben als erste in ihre Brutgebiete zurück und ernähren sich dann von den relativ seltenen, aber großen Fliegen, und sie ziehen mehr Junge auf als die spät ankommenden Mehlschwalben und Mauersegler.

Links: Rötelschwalben versammeln sich über einem See, über dem Insekten schwärmen. Der Energieaufwand für die Futtersuche wird durch die große Dichte an Beutetieren über dem Wasser wesentlich herabgesetzt. Eine lang andauernde Schlechtwetterperiode kann für die Schwalben eine Katastrophe sein, weil dann nur wenige Insekten fliegen und sie kaum Nahrung finden.

Oben: Eine Rauchschwalbe kehrt mit vollem Kropf, in dem sich Insekten für die Nestlinge befinden, zu ihrem Nest zurück. Ihre Jagdtechnik ermöglicht es ihr, sich von vereinzelt fliegenden Insekten zu ernähren. Dadurch kann ihr Aufenthalt im Brutgebiet verlängert werden, so daß sie zwei oder drei Bruten aufziehen kann, bevor sie wieder in den Süden ziehen muß.

Das Fliegen zum Schutz vor Beutegreifern

Einer der größten Vorteile, die die Vögel durch ihre Flugfähigkeit erlangten, war die Möglichkeit einer schnellen Flucht vor Feinden und die Chance, sich selber und ihre Familie dauerhaft vor Gefahren zu schützen, indem sie auf Bäumen oder auf Klippensimsen rasten und nisten. Das Rasten in Bäumen gibt Sicherheit, sowie Schutz vor extremen Wetterbedingungen. Bodenlebende Arten wie Pfau, Fasan, Rebhuhn und Truthahn fliegen in die Bäume, sobald es dunkel wird, um die Nacht sicher vor Füchsen und anderen nachtaktiven, am Boden lebenden Räubern zu verbringen.

Unten: Ein Stelzenläufer jagt eine wesentlich größere Silbermöwe, die seinem Nest zu nahe gekommen ist. Seine hohe Fluggeschwindigkeit und Beweglichkeit verschaffen dem Stelzenläufer in der Luft Vorteile gegenüber der Möwe.

Wie wir gesehen haben, ist die Beziehung zwischen Räuber und Beute nicht gänzlich einseitig zugunsten des Räubers verschoben, denn die Taktik der Greifvögel ist nicht unfehlbar, und manchmal entgeht ihnen die Beute, weil diese sehr effektive Ausweichaktionen entwickelt hat. Wenn der Vogel seinen Gegner oder Angreifer gesichtet hat, dann wird die Begegnung zu einem Wettbewerb um Aufmerksamkeit, Geschwindigkeit, Beweglichkeit und Ausdauer.

Der Baumfalke ist ein schneller, agiler Falke, der sich von Vögeln und großen Insekten ernährt. Segler, Schwalben und Lerchen sind häufige Opfer des Baumfalken. Als Niko Tinbergen die Baumfalken auf den sandigen Heideböden in den Niederlanden untersuchte, konnte er den Einfluß beobachten, den diese Vögel auf das Verhalten der Rauchschwalben haben: Er bemerkte, daß einige Rauchschwalben, die über den Bäumen flogen, einer Baumfalkenfamilie, die etwa 300 m über ihnen in der Luft kreiste, keine Beachtung schenkten, bis die Falken begannen, sich im Spiel vom Himmel zu stürzen. Dann unternahmen die Schwalben einen panikartigen Abflug, um sich in der Deckung der Bäume zu verstecken, wo die Baumfalken als Luftjäger benachteiligt sind.

Vögel, die in Schwärmen auf offenen Flächen leben, benutzen eine andere Taktik. Sie fliegen bei Gefahr in einem dichten

Oben: Wie viele andere Skuas verteidigt auch die Falkenraubmöwe aus der arktischen Tundra sehr energisch ihr Nest und ihre Jungen.

Schwarm zusammen und kreisen eher auf der Stelle, als daß sie fliehen. Dies ist die Reaktion von Staren, Watvögeln, Enten und Gänsen, wenn ein Räuber erscheint. Der Schwarm schließt sich dann und gibt eine wunderschöne Vorstellung der perfekten Koordination, die im dritten Kapitel bereits beschrieben wurde.

Soweit es das einzelne Individuum des Schwarms betrifft, wird die Sicherheit mit zunehmender Stückzahl des Schwarms größer, weil ein Räuber nur eine begrenzte Anzahl von Opfern schlagen kann. Deshalb ist die Chance des einzelnen, vom Räuber erfaßt zu werden, um so kleiner, je größer der Schwarm ist. Ein weiterer Vorteil besteht darin, daß ein Räuber durch die große Masse an Vögeln irritiert wird. Der Falke reagiert auf die Schwarmbildung, indem er Scheinattacken unternimmt, bis ein oder mehrere Vögel vom Schwarm abgetrennt sind, durch schlechtes Timing oder durch physische Schwäche. Trotz der Kollisionsgefahr sind die Falken manchmal kühn genug, um sich in die Masse des Vogelschwarms zu stürzen. Alexander Wetmore, ein führender amerikanischer Ornithologe, beschreibt, wie er einen Wanderfalken sah, ‚der sich in einen dichtgepackten Schwarm fliegender Flußuferläufer stürzte, wobei er zwei oder drei aus dem Schwarm absonderte, indem er genauso viele Attacken mit seinen Klauen vornahm. Die Vögel ließen sich herabfallen, und der Falke wendete dann flink und ergriff die fallende Beute, bevor sie den Boden erreichen konnte.'

Die Alternative zu dieser engen Formation ist, den Angriff des Räubers zu stören, indem die Beute unberechenbar hin und her fliegt. Ich bin über Salzmarschen entlang von Wattenküsten geflogen und habe Watvögel beobachtet – wie Rotschenkel, Knutts und Austernfischer –, die von Furcht ergriffen wurden und in schnellem Zickzack-Muster unter mir umherflogen. Jeder Räuber, der versuchen würde, einen von ihnen zu fangen, indem er einen Kurs berechnet, um seiner Beute näher zu kommen, wird durch die nicht vorhersagbaren Richtungsänderungen seiner Beute außer Gefecht gesetzt.

Wenn die Vögel Junge haben, die sie beschützen müssen, werden sie häufig sehr kühn in ihren Verteidigungskämpfen. Viele Arten machen Luftangriffe auf die Räuber, trotz der Gefahr, in die sie sich begeben. Dies findet man bei Misteldrosseln, Rauchschwalben, dem australischen Gartenfächerschwanz, bei dem afrikanischen Drongo, der auf dem Rücken von Adlern landet, um diese mit dem Schnabel zu attackieren, und bei den Rotschulterstärlingen, beim Blauhäher, der Spottdrossel und bei den Sichelspöttern aus Nordamerika. Sturzflugattacken werden von Möwen und ihren Verwandten, den Seeschwalben und Skuas, sehr häufig angewendet. Ich war des öfteren sprachlos, als ich das Anti-Räuber-Verhalten der antarktischen Braunen Skuas beobachtete.

Wenn der Flügel oder Fuß eines 1,5 kg schweren Skuas den

Oben: Eine große Raubmöwe attackiert ein Schaf, das sich in die Nähe ihres Nestes verirrt hat. Das Demonstrieren von Aggressionen reicht oftmals bereits aus, um das Schaf in die Flucht zu schlagen, aber manchmal landen die Skuas auch auf dem Rücken des Schafes, um ihre Absicht zu bekräftigen.

Rechts: Ein Säbelschnäbler jagt eine Lachmöwe, die sein Nest plündern will. Möwen sind geübte Nesträuber, aber sie müssen sehr flink sein, damit die Altvögel sie nicht bemerken.

Beobachter am Ohr oder im Nacken trifft, ist dies extrem unangenehm. Aber der Vogel zielt meist darauf ab, das Opfer nicht zu berühren. Er taucht ab, wobei er die Flügel stark V-förmig hält, und seine Füße hängen herab, damit er die Kontrolle über den Flug behält. Normalerweise schwebt der Vogel vorbei und fliegt wieder hoch, um den nahezu vertikalen Angriff zu wiederholen. Eine direkte Berührung könnte für den Skua selber gefährlich werden, und deshalb ist es sein Ziel, die Aufmerksamkeit des Räubers von den Eiern oder Küken abzulenken.

Die sicherste Verteidigung ist jedoch, die Jungen aus der Gefahr hinaus zu tragen. Die Altvögel greifen dazu eines der Jungen zwischen ihre Beine und tragen es vom Ort der Gefahr weg. Dies findet man bei der Waldschnepfe, dem Drosseluferläufer, dem Schlammtreter, dem Rotschenkel, dem Rotschwanzbussard und beim Tiputip, einem Spornkuckuck.

Das Fliegen beim Vogelzug

Der Vogelzug ist ein seit ewigen Zeiten bekanntes Phänomen. Vor 2000 Jahren schrieb Aristoteles, daß einige Vögel ‚wandern, indem sie Pontus (am Schwarzen Meer) und die kalten Länder nach der herbstlichen Tagundnachtgleiche verlassen, um dem nahenden Winter zu entfliehen. Nach der Tagundnachtgleiche im Frühling wandern sie aus den südlicheren Ländern in die nördlicheren Länder, um der bevorstehenden Hitze auszuweichen. In einigen Fällen ziehen die Vögel nicht besonders weit; in anderen Fällen, so behauptet man jedenfalls, kommen sie vom anderen Ende der Welt, wie im Falle der Kraniche, die aus den Steppen von Scythia (nördlich des Schwarzen Meeres) in die Marschländer südlich von Ägypten wandern, wo der Nil entspringt.‘

Den Menschen war der Vogelzug zwar vertraut, aber sie staunten immer wieder darüber, daß die Vögel ein so meisterhaftes Navigationsvermögen besaßen und daß so zerbrechliche Kreaturen in der Lage waren, derart große Wanderungen über Tausende von Kilometern zu unternehmen. Aber so, wie die Flugtechniken der Vögel durch Beobachtungen und Experimente durchschaut wurden, so wurden auch die Geheimnisse ihrer anscheinend übernatürlichen Ausdauer und Kräfte aufgedeckt.

Nahezu alle Vögel wandern bis zu einem gewissen Grad. Bei einigen ist die Reise sehr kurz, und sie haben keine speziellen Fluganpassungen dafür. Es ist auch nicht verwunderlich, wenn ausgesprochen gut fliegende Vögel, wie Sturmschwalben und Segler, weite Wanderungen unternehmen. Sie verbringen sowieso den ganzen Tag in der Luft, so daß eine lange Reise eigentlich nichts anderes ist als eine Fortsetzung ihrer normalen Aktivitäten. Es gibt jedoch Beweise, daß Seevögel in sehr langen Etappen wandern, während derer sie keine Nahrung aufnehmen. Die Dunkelsturmtaucher z. B. fressen sich Reserven an, indem sie sich den Sommer über von Anchovis ernähren, die sie vor der Küste Kaliforniens fangen. Dann kehren sie zu ihren Brutgebieten auf der Südhalbkugel zurück, wahrscheinlich ohne Nahrung während des Zuges aufzunehmen. Nichtsdestoweniger erlebt man das Wunder des Vogelzugs bei sehr vielen Vogelarten, die, nachdem sie so viele Monate seßhaft an einem Punkt verbracht haben, plötzlich zu einem Interkontinentalflug, oftmals nonstop, über Ozeane und Wüsten aufbrechen.

Einige Zugvögel scheinen für einen Langstreckenzug gänzlich ungeeignet zu sein. Einer von ihnen ist der europäische Zaunkönig. Er ist ein Waldvogel, der im Unterwuchs lebt und sich ernährt, indem er über den Boden hüpft und dort nach Insekten sucht. Manchmal flitzt er auf geradem Kurs und mit schnell schwirrenden Flügeln über eine Lichtung, wie eine übergroße braune Hummel. Viele Zaunkönige sind Standvögel, die von einer Saison zur nächsten kaum Wanderbewegungen unternehmen. Aber ihre kontinuierliche Anwesenheit verdeckt die Wanderbewegungen anderer Zaunkönige. Die britischen Zaunkönige vergesellschaften sich mit kontinentalen Zaunkönigen, die über die Nordsee fliegen. Die schwedischen Zaunkönige fliegen etwa 2500 km bis nach Südspanien, und kanadische Zaunkönige machen eine hierzu parallele Reise, um im Golf von Mexico zu überwintern.

Wenn man die Frage nach der Navigation außer acht läßt, gibt es zwei weitere Notwendigkeiten, die für einen Langstreckenzug erfüllt werden müssen. Diese sind ein leistungsfähiger Körperbau und die Fähigkeit, genügend Treibstoff für die Reise tragen zu können. Ein großer Teil unseres Verständnisses über diese Aspekte des Vogelzuges sind durch die Arbeit von Hunderten von Ornithologen, oftmals Amateure, die die Vögel fangen und beringen, geliefert worden. Die Beringung bestätigte z. B., daß Schwalben von Europa nach Südafrika fliegen.

Durch die Beringungen kann ein genaues Bild des Bestimmungsorts und der Zugrouten vieler Arten aufgezeichnet werden. Oftmals kann auch die Dauer der Reise sehr gut bestimmt werden. Sowohl bei der Beringung als auch später beim Wiederfang werden Körpermaße und Gewicht des Vogels aufgenommen. Eines dieser Körpermaße ist die Flügellänge. Darunter versteht man in der Praxis die Entfernung zwischen Hand- oder Carpalgelenk und der Spitze der längsten Handschwinge.

Die Zugvögel haben im allgemeinen zugespitzte Flügel mit reduziertem Widerstand. Die Aufzeichnungen von Vogelberingern zeigen, daß die weit wandernden Schilfrohrsänger und Fitisse spitzer zulaufende Flügel haben als die nichtziehenden Provencegrasmücken und Seidensänger. Ähnliche Feststellungen können beim Vergleichen der runden Flügel des nichtziehenden Maskenpirols aus Indien mit den langen Flügeln des ziehenden Pirols gemacht werden, und in Amerika kann derselbe Vergleich zwischen dem Goldscheitelwaldsänger und dem wandernden Fichtenwaldsänger gezogen werden.

Es gibt sogar Variationen innerhalb einer Art, bei der sowohl wandernde als auch seßhafte Populationen vorkommen. Mönchsgrasmücken, die in Nordeuropa brüten, sind Zugvögel, die in Afrika überwintern und lange spitz zulaufende Flügel haben, während Mönchsgrasmücken, die in Südeuropa brüten, seßhaft sind und auch kürzere und rundere Flügel haben. Schwedische Ornithologen fanden heraus, daß die Flügel der männlichen Fitisse spitzer zulaufen als die der weiblichen Fitisse, wodurch ihre Flugfähigkeit verbessert wird. Eine Erklärung hierfür wäre, daß die Männchen schneller wandern müssen als die Weibchen und so früh wie möglich in den Brutgebieten ankommen müssen, um ihre Territorien zu gründen. Die abgerundeteren Flügel der Weibchen sind hingegen besser geeignet, um bei ihrer Suche nach Nistmaterial und Futter für die Jungen durch dichte Vegetation zu fliegen.

Die energiesparendste Art des Vogelzugs ist, in kurzen Etappen zu wandern, so daß der Flug nicht durch das Tragen schwerer Fettreserven belastet wird. Diese Strategie wird von Vögeln benutzt, die auf ihrer Flugroute anhalten, um Nahrung aufzunehmen. Aber die Überquerung von Seen und Wüsten auf dem Zug ist für diese Vögel nicht einfach, vor allem im Frühling, wenn die Vögel in Eile sind, um ihre Brutgebiete zu erreichen und mit dem Brüten zu beginnen.

Folgende Seite: Schneegänse, einschließlich der dunklen Variante, versammeln sich während ihres Zugs zwischen der kanadischen Arktis und den Südstaaten auf dem Manitoba-See. Die Gänse zählen zu den typischen Zugvögeln, die jedes Jahr weite Strecken zurücklegen, um zwei sehr verschiedene Lebensräume nutzen zu können.

Der Pfeifschwan ist eine kleine, schnell fliegende Art, die zwischen den gemäßigten und arktischen Zonen Nordamerikas wandert. Wie die Gänse fliegen auch die Schwäne in V-Formation und in großer Höhe.

Obschon der Sinn der Wanderung der ist, einem Nahrungsmangel zu entgehen, sind die Vögel nicht gezwungen, unter Hungerbedingungen zu wandern. Wenn das so wäre, wäre es schon zu spät. Solche Vögel, die nicht in kurzen Etappen wandern, müssen zunächst Fettreserven anlegen, die sie für die Reise brauchen. Dies ist vor allem wichtig für Vögel, die einen besonders langen Flug vorhaben. Der längste Nonstop-Flug ist der Flug des Wanderregenpfeifers, der die 4000 km lange Strecke von Alaska bis Hawaii ohne Pause zurücklegt. Weiterhin sind Flüge, bei denen bis zu 1000 km am Stück geflogen werden, bei vielen Arten bekannt. Es scheint unglaublich zu sein, daß kleine Vögel so weit fliegen können, ohne anzuhalten, aber die Flugstrecke, die ein Vogel zurücklegen kann, hängt von der Menge an Treibstoff ab, die er im Verhältnis zu seinem Körpergewicht tragen kann und nicht von der absoluten Treibstoffmenge.

Verglichen mit den größeren Arten können die kleineren Vögel einen höheren proportionalen Anteil ihres Gewichtes als Fettreserve tragen. Auf diese Weise können Singvögel ihr Gewicht vor dem Zug verdoppeln, während Gänse und Schwäne mit einer so großen Zusatzlast an Fett nicht abheben könnten. In der Praxis ist diese Beziehung zwischen Körpergröße und Fettreserven nicht so einfach, wie es aussehen mag, denn kleine Vögel haben einen höheren Grundumsatz, und ihr Stoffwechsel verbraucht deshalb relativ mehr Energie pro Gramm Körpergewicht als der Stoffwechsel großer Vögel. Weiterhin wird von den kleinen Arten mehr Treibstoff zum Leben während der Reise benötigt, weil diese langsamer fliegen als große Vögel und der Flug deshalb wesentlich länger dauert. Obschon nun kleine Vögel proportional mehr Fett tragen können als große Vögel, verbrauchen sie auch relativ mehr aufgrund ihres höheren Stoffumsatzes. Deshalb werden die Rekorde im Langstreckenzug von den Watvögeln gehalten: Dies sind mittelgroße Vögel, bei denen sich das für weite Flüge optimale Gleichgewicht zwischen Fettreserven und Treibstoffverbrauch eingestellt hat.

Als bekannt wurde, daß kleine Vögel große Zusatzlasten an Fett tragen können, schien der Langstreckenzug plötzlich ein vollkommen selbstverständliches Phänomen zu sein. Sogar der 4 Gramm schwere Rubinkehlkolibri liegt mit seinem 800 km langen Zug über den Golf von Mexico noch innerhalb der Grenzen des Machbaren. Er legt vor seiner Abreise bis zu 1,5 Gramm Fett an, aber Berechnungen zeigen, daß er bei einer Reisegeschwindigkeit von nur 26 km/h unter idealen Bedingungen weniger als ein halbes Gramm Fett für die Überquerung braucht.

Nonnengänse ziehen über Schottland. Wenn sie zur Arktis zurückfliegen, müssen sie genug Fett angelegt haben, von dem sie bei ihrer Meeresüberquerung zehren und das ihnen ein Überleben garantiert, bis das Tauwetter ihre Nahrungsgrundlagen in der Arktis freilegt.

Die Hauptvoraussetzung für einen erfolgreichen Zug ist deshalb die Möglichkeit, optimale Nahrungsgrundlagen vor der Abreise nutzen zu können. Wenn die Vögel genug Nahrung haben, wird das Reisegewicht in 2–3 Wochen erreicht. Schilfrohrsänger, die sich in Schilfgebieten Südenglands sammeln, können täglich ein halbes Gramm zunehmen, wenn sie sich von den Blattläusen ernähren, die in den abgestorbenen Schilfrohren leben. Einige wenige von ihnen legen mehr als 11–18 Gramm zu und haben mehr als genug Reserven für einen Flug, der länger als 85 Stunden andauert, was sie bei einer Geschwindigkeit von 40–50 km/h ohne Rast bis Afrika bringen würde.

In der Praxis sieht es so aus, daß der Vogelzug sehr stark vom Wind abhängt. Ein Kolibri kommt bei einem Gegenwind von 35 km/h nicht mehr vorwärts, und einige Vögel, die von einem solchen Wind überrascht werden, verschwinden im Golf von Mexico. Trotz des optimalen Designs der Flügel und trotz der reichlichen Fettreserven muß der Vogel auf seinem Flug sehr ökonomisch fliegen, und er muß sich sicher sein, daß er unter den günstigsten Bedingungen wandert. Die Zugbewegungen der Vögel hängen stark von der Wetterlage ab. So haben z. B. Hochdruckgebiete über Nordeuropa einen Ostwind zur Folge, der zur Zugzeit Massen von Vögeln vieler verschiedener Arten über die Nordsee nach Großbritannien bringt. Im Oktober 1965 brachte solch eine Wetterlage Millionen von Vögeln an die Ostküste der Britischen Inseln. Schätzungen zufolge landete eine halbe Million Vögel auf dem 40 km langen Küstenabschnitt zwischen den Städten Suffolk und Lowestoft. Viele Vögel waren erschöpft, und eine große Anzahl von Vogelleichen wurde an die Küste geschwemmt. Aber als das Wetter sich änderte, zogen die Überlebenden weiter.

Auf der anderen Seite des Atlantiks beeinflussen Wetterlagen sehr stark den Herbstzug kleiner Vögel, denn jede Nacht verlassen Millionen von Singvögeln und Watvögeln die Küsten Nordamerikas zwischen Nova Scotia und Virginia und verschwinden hinaus auf die See. Ihr Bestimmungsort ist Südamerika, und die Wahl ihrer Route scheint purer Selbstmord zu sein, aber sie wird durch die Wetterlage, die sie zum Reisen nutzen, erklärt. Die Vögel warten auf eine Kaltfront, die vorbeizieht, und starten dann bei dem folgenden Nordwestwind. Der südöstliche Kurs bringt sie etwa 18 Stunden später über die Bermudas und dann in die Saragossasee. Hier treffen sie auf den Nordostpassat und werden an die Südküste Amerikas gebracht. Bei diesem Flug, der mindestens 80 Stunden dauert, fliegen sie etwa 3000 km über See, was der längste Nonstop-Flug von Singvögeln ist. Aber er ist weniger anstren-

gend als die Landroute, die durch Zentralamerika führen würde, weil die kontinuierlichen Windströmungen, die die Vögel nun ausnutzen können, ihnen doch beachtliche Energieeinsparungen bringen.

Es ist für den Vogel selbstverständlich, daß er auf einen Rükkenwind wartet, der ihn trägt und ihn unterstützt, so daß er Energie sparen kann, indem er sich einfach im Wind treiben läßt. Wenn ein Vogel mit einer Geschwindigkeit von 40 km/h fliegt und wenn er dabei einen Gegenwind von 20 km/h hat, ist seine Grundgeschwindigkeit nur 20 km/h. Für jeden Kilometer, den er durch die Luft fliegt, wird er nur einen halben Kilometer vorwärtskommen. Auf der anderen Seite wird derselbe Wind, wenn er von hinten kommt, den Vogel mit 60 km/h vorantreiben.

Theoretisch sollte der Vogel nicht kontinuierlich mit derselben Geschwindigkeit fliegen, ohne auf den Wind zu achten. Die Kraft-Geschwindigkeits-Kurve (siehe unten) zeigt, daß der Vogel langsam fliegen sollte und sich vom Wind tragen lassen sollte. In allen vorangegangenen Diskussionen über Kraft und Geschwindigkeit wurde angenommen, daß der Vogel in ruhiger Luft fliegt. In dem Diagramm wird die Maximalreichweiten-Geschwindigkeit durch eine Linie gekennzeichnet, die vom Nullpunkt der Graphik ausgeht und die Kurve als Tangente schneidet. Der Rückenwind vergrößert die Grundgeschwindigkeit des Vogels, und um energiesparend zu fliegen, reduziert der Vogel seinen Krafteinsatz und somit auch seine Fluggeschwindigkeit in der Luft. So kommt der Zugvogel schneller vorwärts, obschon er langsamer fliegt und weniger Energie verbraucht. Der Gegenwind hat den gegenteiligen Effekt, denn er verschiebt die Tangente nach rechts hin zu dem steileren Teil der Kurve. Dies zeigt, daß der Vogel beim Gegenwind stärker arbeiten muß, um dieselbe Entfernung zu überbrücken.

Radarbeobachtungen von Zugvögeln beweisen, daß die Vögel den Wind sehr gut ausnutzen und ihre Fluggeschwindigkeit an den Wind anpassen, so wie es die theoretische Kraft-Geschwindigkeits-Kurve erwarten läßt. Aber wie die Vögel die Windgeschwindigkeit erkennen, ist noch unbekannt. Die Theorie zeigt weiterhin, daß die Vögel langsamer werden sollten, bis sie ihre Minimalkraft-Geschwindigkeit erreicht haben,

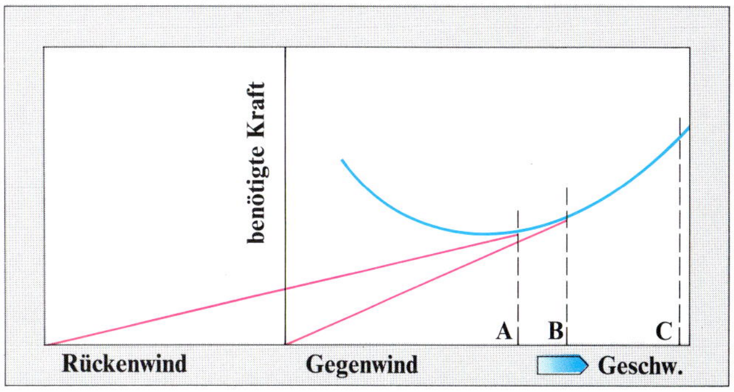

Oben: Die Kraft-Geschwindigkeits-Kurve zeigt, daß ein Vogel seine Geschwindigkeit auf die Windbedingungen einstellen sollte. Um mit Maximalreichweiten-Geschwindigkeit zu fliegen (B), sollte er sie bei Rückenwind (A) reduzieren und bei Gegenwind (C) erhöhen.

Links: Es ist erstaunlich, daß ein so kleiner Vogel wie der Teichrohrsänger in der Lage ist, Interkontinentalflüge durchzuführen. Seine Ausdauer basiert darauf, daß er eine große Zusatzlast an Fett im Verhältnis zu seinem Körpergewicht tragen kann.

wenn sie sich verirren. Auf diese Weise können sie mit ihren Fettreserven so lange wie möglich in der Luft bleiben. In jedem Herbst erscheinen amerikanische Vögel an den Küsten Europas, vor allem an den Westküsten der Britischen Inseln. Sie wurden von Westwinden ergriffen, als sie ihre Reise nach Südamerika antraten, und wurden dann nach Osten gebracht. Unter diesen Bedingungen glaubt man, daß die Maximalreichweiten-Geschwindigkeit oder Reisegeschwindigkeit zugunsten der Minimalkraft-Geschwindigkeit aufgegeben wird, so daß sie so lange fliegen können, bis sie an Land kommen oder auf ein vorbeifahrendes Schiff stoßen. Sie können auf eine weitere Reserve zurückgreifen, indem sie ihre Flugmuskeln metabolisieren. Hierbei wird Protein abgebaut, um Energie freizusetzen. Wenn sie erst einmal ihre schweren Fettreserven aufgebraucht haben, verbraucht das Fliegen auch weniger Kraft, und deshalb benötigen sie dann auch nicht mehr so große Muskeln.

Ökonomisches Reisen

Die Zugvögel besitzen eine Anzahl verschiedener Möglichkeiten, um durch ökonomischeres Fliegen ihre Chancen, den Bestimmungsort zu erreichen, zu verbessern. Sie gebrauchen den Wellenflug, den Bolzenflug und den Formationsflug, alles Techniken, die bereits im vorhergehenden Kapitel beschrieben wurden. Aber bei großen Vögeln werden die effektivsten Energieeinsparungen durch das Segeln, speziell durch das Thermiksegeln, erreicht. Neben der energiesparenden Flugweise wird beim Thermiksegeln eine weitere Energieeinsparung erzielt, weil weniger Reserven getragen werden müssen. Schwäne und Gänse sind die einzigen großen Vögel, die wandern, ohne zu segeln, und sie besitzen auch keine Spaltflügel wie die gleitenden Vögel. Die einzigen Erklärungen, die vorgeschlagen wurden, sind, daß es für die Gänse wichtiger ist, eine schnelle Reise zu machen, vielleicht um die Brutgebiete in der Hocharktis rechtzeitig zum Ende des Frühlings zu erreichen, oder daß sie täglich zwischen ihren Nahrungsgründen und ihren Rastplätzen hin und herfliegen müssen, ohne dabei viel Zeit zu verlieren.

Das Segeln reduziert die Kosten für die Reise, aber es reduziert auch die Geschwindigkeit. Störche wandern in eintägigen Etappen durch Europa und Asien bis nach Afrika, und sie müssen das Mittelmeer umgehen, wobei sie die See an ihren schmalsten Stellen überqueren – diese sind die Straße von Gibraltar und der Bosporus. Hierzu steigen sie in Thermiken auf und gleiten über die See hinüber.

Es gibt genügend Beweise aus Radaruntersuchungen und Beobachtungen aus Flugzeugen heraus, daß Zugvögel regelmäßig in Höhen von mehreren tausend Metern fliegen. Radarmessungen zeigen, daß einige Vögel, wahrscheinlich Singvögel, in einer Höhe von 6800 m über Puerto Rico fliegen. In dieser Höhe ist der Luftdruck nicht einmal halb so groß wie auf der Höhe des Meeresspiegels, und die Temperatur liegt bei minus 12 Grad. Ein Vorteil des Flugs unter diesen lebensfeindlichen Bedingungen in großen Höhen ist unter anderem das Vermeiden ungünstiger Windböen, Sandstürme und anderer Gefahren, denen sie in der Nähe des Bodens ausgesetzt sind. Ein weiterer Vorteil sind die stärkeren und zuverlässigeren Winde in großen Höhen. Singschwäne, die von einem Piloten in einer Höhe von 8200 m über Westschottland gesehen wurden, nutzten einen Luftstrom, der ihre Fluggeschwindigkeit auf 180 km/h brachte. Mit diesen großen Höhen haben die Vögel aufgrund ihres einzigartigen Atmungssystems keine physiologischen Probleme. Die niedrigen Lufttemperaturen sorgen weiterhin dafür, daß die Körper durch die extremen Anstrengungen des langen Fluges nicht überhitzen.

Obschon nur wenige experimentelle Untersuchungen durchgeführt wurden, ist es bekannt, daß die Flügelschläge mit zunehmender Höhe etwas langsamer werden, aber dafür wird die Schlagamplitude vergrößert, was den Flug anstrengender macht. Der aerodynamische Vorteil ist, daß in großen Höhen die Luft weniger dicht ist; dies hat zur Folge, daß das Auftrieb-Widerstands-Verhältnis vergrößert wird, wodurch auch die Maximalreichweiten-Geschwindigkeit erhöht wird. Deshalb sollten die Vögel theoretisch bei der größtmöglichen Höhe fliegen, bei der sie noch genug Sauerstoff für den Flug haben, da sie hier eine größere Reisegeschwindigkeit haben. Weiterhin wird die Windgeschwindigkeit mit zunehmender Höhe größer, so daß ein Zugvogel, der von diesen Winden getragen wird, enorme Energieeinsparungen machen kann.

Ein Vogel, der seine maximale Zusatzlast an Fett trägt, kann Schwierigkeiten beim Fliegen haben und fällt dann leichter Räubern zum Opfer. Dies erklärt, warum so viele Zugvögel bei Dämmerung fliegen. Auf der Reise wird das Fett verbrannt, und somit wird die Flügelflächenbelastung geringer, und das Fliegen wird leichter. Der Vogel ist dann in der Lage, seine Kraft und Geschwindigkeit zu reduzieren und in dünnere Luft aufzusteigen, die ihm ermöglicht, schneller zu fliegen.

Die Zugbewegungen der Bussarde

Der Zug von Tausenden von Millionen Vögeln geht normalerweise unbemerkt vonstatten, weil die Vögel zu hoch fliegen oder nachts vorbeifliegen. Eine Ausnahme sind hierbei die Zugbewegungen der Greifvögel, die Thermiken oder andere aufsteigenden Windströmungen ausnutzen. Die Vögel verteilen sich über eine große Fläche, wenn sie über offener Landschaft fliegen, so daß sie eine größere Chance haben, eine Thermik zu finden. Aber sie fliegen dicht beieinander, wenn sie entlang eines Hanges gleiten können. Eine der spektakulärsten Beobachtungen kann man vom Hawk Mountain Sanctuary in Pennsylvanien machen, wo Tausende von Breitflügelbussarden, Rotschwanzbussarden und Eckschwanzsperbern und viele andere Arten entlang einer Hügelkette vorbeiziehen. Hohe Konzentrationen treten weiterhin dort auf, wo Vögel über die schmalsten Stellen einer großen Wassermasse wandern. Sie segeln in großen Höhen und gleiten dann mit so wenig Flügelschlägen wie möglich über die Meerenge dahin. In Nordamerika finden die Hauptüberquerungen von Wasserflächen in der Delaware Bucht, am Lake Superior und in der Bucht von San Francisco statt. In Europa kann man sehen, wie die Zugvögel über die Straße von Gibraltar, den Bosporus und die Ostsee fliegen (von Falsterbo in Schweden hinüber nach Dänemark).

Mit Reserven ankommen

Der Vogelzug bedeutet mehr, als nur die Reise zu überleben und den Bestimmungsort gesund zu erreichen. Vor allem im

Der Rotschwanzbussard ist eine der nordamerikanischen Greifvogelarten, die dafür bekannt sind, daß sie sich an Stellen, an denen Zugwege zusammenlaufen, in beeindruckender Zahl sammeln; dies ist z. B. an Bergketten oder an Stellen, die zur Überquerung größerer Gewässer geeignet sind, der Fall.

Frühling müssen die Vögel mit genügend Reserven ankommen, um sofort mit dem Brutgeschäft beginnen zu können. Dies ist vor allem in der Arktis von Bedeutung, wo die kurzen Sommer keine Zeitverschwendung zulassen. Der Bruterfolg von Ringelgänsen auf Novaya Zemlya wurde durch holländische Ornithologen untersucht, obschon bis auf Wilhelm Barents, der die Sibirische Insel 1596 entdeckte, lange Zeit kein Holländer dort war. Sie waren in der Lage, den Bruterfolg zu messen, weil die Gänse im Herbst in Familientrupps, also Altvögel mit ihren Jungvögeln desselben Jahres, in ihrem Winterquartier in Holland ankommen. Der Bruterfolg hängt zumindest zum Teil von der Verfassung der weiblichen Gänse ab, die im Frühjahr das Winterquartier verlassen. Je schwerer sie bei der Abreise sind, um so mehr Junge bringen sie im Herbst mit zurück. Die Wetterbedingungen während der Frühjahrswanderungen sind ebenfalls von Bedeutung, weil Rückenwinde die Gänse Richtung Norden tragen und die schweren Weibchen dadurch viel Energie sparen.

Es ist eine traurige Tatsache, daß viele Vögel auf der Wanderung umkommen. Beobachter auf Schiffen oder an Küsten sind mit dem Anblick erschöpfter Vögel, die zunehmend tiefer fliegen und schließlich in den Wellen verschwinden, vertraut. Sehr viele von ihnen erreichen zwar die Küste, aber sind dann vollkommen erschöpft. Singvögel, die mit einem Rückenwind in guter Verfassung ankommen, fliegen weiter ins Land hinein, aber solche, die gegen den Wind ankämpfen mußten, um das Land zu erreichen, können so erschöpft sein, daß sie nahezu unfähig sind, aus den Büschen und Gräsern, wo sie Unterschlupf gesucht haben, wieder aufzufliegen, wenn sie gestört werden.

Das Fliegen zur Brutzeit

Die Notwendigkeit des Brütens und Nachkommen zu erzeugen ist sehr groß. Wenn Biologen davon reden, daß ein Tier erfolgreich ist, dann bezieht sich dies darauf, wie viele Nachkommen das Tier produziert. Junge aufzuziehen bedarf großer Investitionen an Zeit und Energie, und die Ökonomie des Fluges, die zu anderen Zeiten praktiziert wird, ist dann oft nicht mehr vorhanden. Im weitesten Sinne ist auch die Wanderung zu geeigneten Brutgebieten ein Teil dieser Investitionen in die Fortpflanzung, aber während des Nistens gibt es eine Reihe weiterer Aktivitäten, die ebenfalls Investitionen in Bezug auf die Flugzeit benötigen. Bei vielen Arten führt das Männchen, das häufig von einem Weibchen begleitet wird, Imponierflüge sowohl vor seinem Weibchen als auch vor seinen Rivalen auf. Nistmaterial, Futter und manchmal auch Wasser müssen zum Nest, bzw. zu dem brütenden Weibchen und zu den Nestlingen transportiert werden.

Unten: Die Schwanzfedern des Hahnschweifwida sind bei der Balz von Vorteil, beim Fliegen dagegen hinderlich.

Imponierflüge, die dazu dienen, ein Territorium abzugrenzen oder um ein Weibchen zu werben, müssen nicht unbedingt sehr viel Energie kosten. Bussarde z. B. kreisen mühelos in Thermiken, aber andere Vögel haben sehr energieaufwendige Imponierflüge. Die Bekassine z. B. hat einen „meckernden Flug“, bei dem sie bis zu einer Stunde lang rund um ihr Territorium kreist, wobei sie abwechselnd aufsteigt und absinkt. Beim Absinken stehen die beiden äußeren Federn des Bekassinenschwanzes zur Seite und vibrieren im Luftstrom, der durch die schlagenden Flügel erzeugt wird. Hierbei entsteht ein schnelles, schlagendes Geräusch, das an das Meckern einer Ziege erinnert.
Die Kosten für die Balz werden weiterhin erhöht, wenn das Männchen durch das Tragen eines Schmuckgefieders zusätzlich belastet wird. Dies ist meist bei Vögeln der Fall, die auf dem Boden oder auf einer Sitzwarte balzen. Der Leierschwanzwida jedoch springt aus dem Gras der afrikanischen Savanne auf und sieht dann aus wie ein schlagendes Bündel schwarzer Stoffetzen – eine sehr effektive Balz, die aus sehr großen Entfernungen wahrgenommen werden kann. Ein Experiment, bei dem die Schwanzfedern eines Männchens abgeschnitten wurden und bei einem anderen Männchen an den Schwanz angeklebt wurden, zeigte, daß die Weibchen vor allem auf die Länge der Federn reagieren. Es ist anzunehmen,

Oben: Die großartige Schleppe des Pfaus muß alle Flugmanöver, mit Ausnahme eines horizontalen Fluges, erschweren.

Unten: Männliche Bindenfregattvögel kämpfen um den Besitz eines Zweiges. Der Sieger wird den Zweig dann zu seinem Weibchen bringen, damit er in das Nest eingebaut werden kann.

daß der einzige Grund dafür, daß die Männchen der Wida nicht noch längere Schwanzfedern entwickelt haben, der ist, daß diese den Flug zu sehr behindern würden.

Im allgemeinen müssen lange lose Federn ein Nachteil sein, denn sie erschweren den Flug und setzten damit den Träger einer größeren Gefahr aus, von Räubern erfaßt zu werden. Wie bei den Widas ziehen auch die weiblichen Rauchschwalben Männchen mit längeren Schwanzfedern vor. Dies wurde ebenfalls durch das eben genannte Experiment gezeigt, bei dem die Schwanzfedern bei einem Männchen abgeschnitten und bei einem anderen angeklebt wurden. Die langschwänzigen Männchen hatten früher ein Weibchen, so daß diese auch eher mit dem Eierlegen begannen, was ihnen wiederum ermöglichte, eine Zweitbrut großzuziehen. Das Endresultat war, daß die langschwänzigen Männchen zweimal soviel Junge großzogen wie ihre beraubten Kollegen. Ein langer Schwanz muß für eine Rauchschwalbe eher ein Vorteil sein als ein Hindernis. Er produziert nicht viel zusätzlichen Widerstand bei geradem Flug, weil sich die äußeren Schwanzfedern übereinanderlegen, aber wenn der Schwanz aufgefächert wird, dann vergrößern die längeren Federn die Manövrierfähigkeit und erleichtern somit den Insektenfang.

Es ist wenig darüber bekannt, wie sich die anstrengenden Imponierflüge auf den Energiehaushalt des Männchens auswir-

Oben: Eissturmvögel verschwenden nicht viel Zeit und Energie beim Nestbau. Die Eier werden in eine leichte Vertiefung gelegt, und manchmal sind sie noch von einigen Kieselsteinen umgeben.

Links: Fischadler bauen ein massives Nest aus Zweigen. Der Nestbau erfordert viele Flüge, um Nistmaterial heranzuschaffen. Obschon alte Nester immer wieder benutzt werden, wird jedes Jahr auch neues Nistmaterial hinzugefügt.

ken. Meine Erfahrungen mit den Knutts sprechen dafür, daß das balzende Männchen wenig Zeit zur Nahrungsaufnahme hat. Deshalb ist anzunehmen, daß eine Kombination dieser anhaltenden Balzflüge mit einem Futtermangel die Kondition der Männchen beeinträchtigen müßte. Auch der Nestbau benötigt relativ viel Zeit und Energie, und einige Vögel brauchen extrem lange, um einen Behälter für ihre Eier zu formen. Ein großer Stock oder ein Schnabel voll Gras ist nicht nur eine Zusatzlast, die getragen werden muß, sondern auch ein aerodynamisches Hindernis, das einen immensen Widerstand weit vor dem Körperschwerpunkt erzeugt.

Eine der schwierigsten Frachten muß ein Bündel von nassem Tang sein, den die Kormorane auf die Klippensimse tragen. Arthur Cleveland Bent, ein gefeierter amerikanischer Ornithologe, beobachtete jedoch eine Ohrenscharbe auf der Insel St. Genevieve, die nicht nur Tang unterhalb der Kolonie hochholte, sondern auch Stöcke von dem Labradorfestland, das mehrere Kilometer weit weg ist, herantransportierte. Die Schwanzmeise braucht ebenfalls eine Menge Energie, um ihr Nest mit über 2500 Federn auszulegen. Man hat errechnet, daß ein Paar in den 14 Tagen, in denen es das Nest baut, bis zu 1000 km zurücklegt. Aber man fragt sich doch, ob sich diese Anstrengung lohnt, nur um das Nest zu isolieren. Der Aufwand ist erheblich, und es ist nicht überraschend, daß die sorgfältigen Untersuchungen des Reverent E. U. Savage in den 1920er Jahren, bei denen er 6 Schwanzmeisennester beobachtete, zeigten, daß die Anzahl der Federn, mit denen das Nest ausgelegt war, proportional war zu der Entfernung des Nestes zu einem Geflügelauslauf, der die „Federquelle" darstellte.

Verglichen jedoch mit dem Nestbau, scheint die größte Anstrengung beim Brüten im Transport des Futters für die Nestlinge zu liegen, und bei vielen Arten, inklusive der Hornvögel, der Greifvögel, der Meisen, Finken, Möwen und Seeschwalben, trägt das Männchen die zusätzliche Belastung, daß es seinem Weibchen einen Teil ihres Futters oder auch das gesamte Futter bringen muß, während sie die Eier bebrütet. Viele kleine Vögel machen täglich bis zu 500 Nestbesuche, bei denen sie Futter herantragen. Unter diesen Umständen ist die beste Geschwindigkeit, um vom Nest weg und wieder hin zu fliegen, nicht die Maximalreichweiten-Geschwindigkeit, die einen energiesparenden Flug gewährleistet, sondern eine etwas schnellere Geschwindigkeit, um genügend Futterladungen zur Ernährung der Nestinsassen abzuliefern. Die Ökonomie des Fluges wird also zugunsten des Bruterfolgs vernachlässigt.

Es scheint einleuchtend, daß ein Vogel, der soviel Anstrengung in das Tragen von Futter für die Jungen investiert, dadurch in Mitleidenschaft gezogen wird. Aber dies ist nicht der

Fall. Von einigen kleinen Vogelarten ist bekannt, daß sie beim Bebrüten ihrer Eier Gewicht verlieren und daß sie auch einen großen Teil des Tages damit verbringen müssen, Futter für die Jungen zu sammeln. Aber die Gewichtsverluste können auch eine Strategie sein, um den Flug zu erleichtern. Stare fliegen mit einer Geschwindigkeit von 50 km/h zum Nest hin und wieder weg. Dies ist eine wesentlich größere Geschwindigkeit als ihre Maximalreichweiten-Geschwindigkeit, die bei 36 km/h liegt und die sie normalerweise benutzen. Deshalb scheint es hier so zu sein, daß ein leichterer Körper es ihnen ermöglicht, Flugkosten einzusparen, speziell dann, wenn die Vögel bereits mit einer Schnabelladung voll Futter zusätzlich belastet sind.

Zwei Vogelgruppen, die während der Brutzeit Gewicht verlieren, sind paradoxerweise Arten, die sich auf einen ökonomischen Segelflug spezialisiert haben: Geier und Albatrosse. Die Sperbergeier teilen ihr Brutgeschäft in den afrikanischen Ebenen so ein, daß genügend Futter da ist, wenn die Jungen das Nest verlassen. Aber die Bewegungen der Wildherden brin-

Links: Der Bruterfolg der Wasseramsel hängt vom schnellen Transport des Futters vom Fluß zum Nest ab.

Rechts: Der männliche Quetzal trägt seinen glänzenden langen Schwanz nur zur Brutzeit. Beim Betreten der Nisthöhle ist dieser Federschmuck allerdings etwas hinderlich.

Unten: Eine Australseeschwalbe mit Fischen für ihre Jungen. Vögel, die große Distanzen zurücklegen müssen, um Futter zu sammeln, benötigen einen sehr energiesparenden Flug.

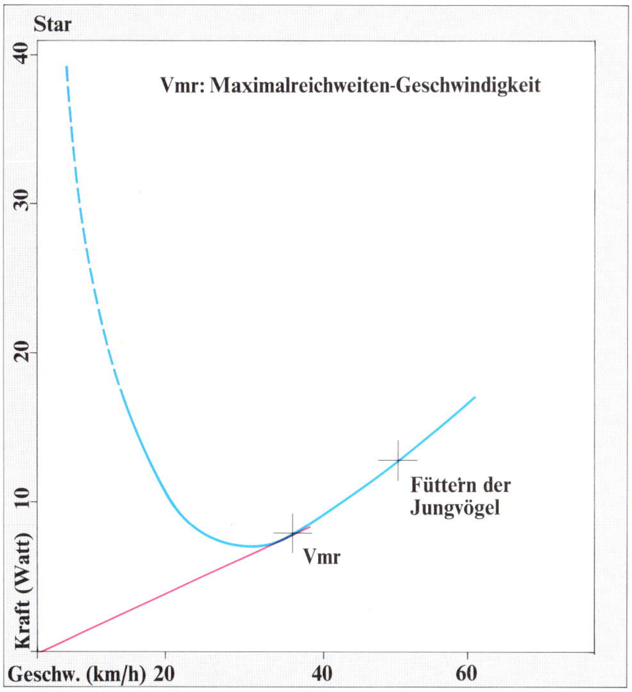

Oben: Wenn Stare ihre Nestlinge füttern, fliegen sie auf dem Weg zwischen den Nahrungsquellen und dem Nest schneller als mit ihrer energetisch günstigsten Fluggeschwindigkeit, weil sie das Futter so schnell wie möglich zu ihren Nestlingen bringen müssen.

gen die Altvögel weit weg von den Nistkolonien der Geier, solange die Jungen im Nest sind. Die adulten Geier sind gezwungen, Strecken über 100 km zurückzulegen, um genügend Futter für die Küken zu finden. Deshalb greifen sie auf Fettreserven, die sie vor der Brutsaison angelegt haben, zurück.

Albatrosse haben das Problem, daß sie große Wasserflächen nach Nahrung absuchen und diese dann zum Nest zurücktragen müssen. Die Ausdauer der über dem Ozean segelnden Albatrosse wurde vor einem Jahrhundert in einem Artikel in „The West Australian" am 21. August 1887 beschrieben. Hierin stand, daß ein toter Albatros, der noch warm war, in einer Bucht in der Nähe von Perth gefunden wurde. Um seinen Nacken war ein Blechband geschwungen mit der Nachricht ‚13 naufragés sont refugiés sur les Iles Crozet 4 Aout 1887'. (13 Schiffbrüchige haben sich auf die Crozet-Inseln gerettet, 4. August 1887.) Die Crozet-Inseln waren 5600 km weit weg. (Als jedoch ein Rettungstrupp auf der Insel ankam, waren die Schiffbrüchigen bereits verschwunden.) Heutzutage werden die Flugbahnen der Albatrosse eher durch hochentwickelte Instrumente als durch Nachrichten auf Blechstreifen registriert. Es werden genaue Messungen der Entfernungen und der Zeit, die der Albatros benötigt, um Futter für die Nestlinge zu bringen, gemacht.

Albatrosse nisten auf Meeresinseln, wo windige Tage gang und gäbe sind und Klippen dafür sorgen, daß starke Aufwinde entstehen, die ihnen ein müheloses Starten und Landen ermöglichen. Die Albatrosse sind wunderbar daran angepaßt, die nahezu konstanten Seewinde auszunutzen, aber trotz ihrer Fähigkeit, sehr energiesparend zu fliegen, scheint das Leben der Albatrosse nicht besonders einfach zu sein. Der Wanderalbatros ist physiologisch dazu in der Lage, bereits mit drei oder vier Jahren zu brüten, aber er versucht es erst gar nicht, bevor er nicht mehrere Jahre älter ist. Die Reproduktion ist dann sehr langsam; Junge werden nur alle zwei Jahre großgezogen, und die Eltern verlieren bei dem Brutgeschäft an Gewicht. Sie müssen zwei Probleme bewältigen: das Sammeln von Futter und den Transport des Futters zum Nest.

Obschon seine Größe – sein Körpergewicht beträgt 8–9 kg, und er hat eine Flügelspannweite von mehr als 3 m – bedeutet, daß der Wanderalbatros lange Strecken mit sehr wenig Energieverbrauch zurücklegen kann (85 Gramm reichen für 1000 km), hat er wenig zusätzliche Kraft und kann daher hin und wieder Schwierigkeiten beim Abheben haben, sowie beim Fliegen, wenn er schwer mit Futter für die Nestlinge beladen ist. Die unerwartet kleinen Mahlzeiten, die der Albatros seinen Nestlingen bringt, lassen darauf schließen, daß sein Tragvermögen begrenzt ist. Bei den Albatrossen und ihren Verwandten ist es daher üblich, daß das Futter, das sie ihren Nestlingen bringen, zum Teil vorverdaut ist. Die Körper ihrer Beute sind zum Teil zu einem öligen Brei reduziert. Möglicherweise besteht der Hauptgrund hierfür darin, die Jungen mit Wasser zu versorgen, aber auch die Reduktion der zusätzlichen Last muß von Vorteil sein.

Ein weiteres Problem der Albatrosse ist, das Futter in den Weiten des Ozeans zu finden. Der Graukopfalbatros, der kleiner, aber ähnlich dem Wanderalbatros ist, verbringt nur ein Viertel des Nahrungsfluges auf der Wasseroberfläche, wo er dann hauptsächlich Tintenfische und Fische frißt. Jedes Elternteil liefert im Mittel alle zweieinhalb Tage eine Mahlzeit am Nest ab, und die Zeit zwischen den Besuchen am Nest wird mit Flügen bis zu 500 km vom Nest entfernt verbracht.

Der erste Flug

Im selben Sommer, in dem ich den Singflug der Knutts beobachtete, hatte ich die Gelegenheit, das Ausfliegen von Schneefinken aus ihrem Nest zu erleben. Die Nester waren unter Steinhaufen versteckt. Als die Küken neugieriger und kühner wurden, kamen sie bis an den Nesteingang, um die Rückkehr der Eltern abzuwarten, die Insekten herbeischafften. Schließlich lehnte die Mutter es ab, das Futter in einen der aufgesperrten Schnäbel zu stecken, und stattdessen hüpfte oder flog sie weg. (Ich habe niemals gesehen, daß das Männchen sich derart verhielt.) Dabei lockte die Mutter die Jungen aus

der Sicherheit des Nestes heraus und veranlaßte sie, bis zu 200 m hinter ihr her zu fliegen, bevor sie sich erweichen ließ und landete, um dem Jungvogel das Futter zu überreichen.
Ich war überrascht, mit welcher Zuversicht sich die Nestlinge in die Luft erhoben und hinter ihrer Mutter her flogen. Die Fähigkeit zum Fliegen muß instinktiv vorhanden sein, denn es ist nicht möglich, diese komplizierten Bewegungen des Schlagflugs allmählich zu lernen. Es ist so, als würde man in tiefes Wasser geworfen; wenn man dann nicht bereits schwimmen kann, wird man ertrinken. Die instinktive Natur des Fluges wurde 1938 von einem deutschen Wissenschaftler, J. Grohmann, demonstriert, der zwei Typen von Taubennestlingen aufzog. Der eine Typ wurde in Rohren aufgezogen, so daß er seine Flügel nicht spreizen konnte, und der andere lebte im Nest, wo das Schlagen der Flügel geübt werden konnte. Schließlich wurden beide Tauben aus dem Nest genommen und in die Luft geworfen. Es zeigten sich keine Unterschiede in ihrem Flugvermögen.
Trotzdem glaubt man oft, daß Vögel das Fliegen lernen müssen oder zumindest Zeit brauchen, um es zu üben. Einige häufige Arten, wie Meisen und Drosseln, fliegen in den ersten Tagen, nachdem sie das Nest verlassen haben, nicht besonders weit. Sie machen höchstens kurze Flüge von einem Busch zum nächsten auf eine sehr unbeholfene Art und Wei-

Dieser juvenile Wanderalbatros ist noch zu jung, um sein Nest zu verlassen, aber er übt bereits das Schlagen seiner langen Flügel, und bald wird er kräftig genug schlagen können, um sich in die Luft zu erheben. Diese „Übung" ist jedoch nicht unbedingt erforderlich, damit sein erster Flug erfolgreich wird.

se. Es sieht aus, als würden sie lernen, wie sie ihre Flügel benutzen sollen, aber ihr Problem besteht vielmehr darin, daß ihre Schwungfedern und Steuerfedern noch nicht ausgewachsen sind, so daß der Flug immer noch sehr ungeschickt ist. Ein Vorteil, das Nest zu verlassen, bevor die Jungen flugfähig sind, besteht darin, daß die Brut sich aus Sicherheitsgründen in der näheren Umgebung verteilen kann. Aber die Jungen werden weiterhin Futter von den Eltern bekommen, bis ihre Federn komplett ausgewachsen sind.

Das Verhalten von Mehlschwalben hat die Leute veranlaßt, viele Geschichten zu erfinden, wie die Vögel ihre Jungen im Fliegen unterrichten. Wenn die Zeit kommt, das Nest zu verlassen, halten die jungen Mehlschwalben Ausschau nach ihren Eltern, die oftmals von anderen Altvögeln begleitet werden und langsam am Nest vorbeifliegen, wobei sie ihre Jungen locken. Schließlich landet ein Elternteil, meistens die Mutter, direkt neben dem Nest, dann fliegt sie wieder auf, und die Jungen folgen dicht hinter ihr. Normalerweise kehren sie nach einem kurzen Flug zum Nest zurück. Aber manchmal landet eins der Jungen auf dem Boden, und die Altvögel fliegen dann dicht über ihm hin und her, anscheinend um es zu überreden, nochmals in die Luft aufzusteigen.

Einige Zeit noch, nachdem die jungen Mehlschwalben fliegen können, bekommen sie weiterhin Futter von ihren Eltern. Dieses Futter dient als Zusatz zu dem, was sie bereits selber fangen können, bis sie schließlich gänzlich in der Lage sind, für sich selber zu sorgen. Beim Mauersegler, der ebenfalls ein Luftjäger ist, ähnlich wie die Mehlschwalbe, fehlt sogar diese Unterstützung durch die Eltern. Sobald die jungen Mauersegler ihr Nest verlassen haben, sind sie völlig auf sich selbst angewiesen. Die Jungen haben nicht nur die Fähigkeit zu fliegen, sondern sie sind bereits mit allen Fertigkeiten ausgestattet, die sie benötigen, um ihr Futter zu fangen.

Bei einigen Vögeln ist es die Regel, daß sie das Nest verlassen, bevor sie fliegen können. Junge Trottellummen und Tordalken, die auf schmalen Klippensimsen aufgewachsen sind, springen ins Wasser, bevor ihre Schwungfedern ausgewachsen sind. Dies erlöst die Eltern von ihrer Aufgabe, Futter weit weg vom Nest herbeizuholen, was sehr anstrengend sein muß für Vögel, die nur schmale Flügel haben und deren Flug ohnehin schon sehr schwerfällig ist, auch wenn sie unbeladen sind. Die Schwierigkeiten, die Nestlinge zu füttern, werden weiterhin vergrößert durch räuberische Möwen, denen die Jungen leicht zum Opfer fallen, wenn nicht ein Elternteil ständig Wa-

Oben: Ein juveniler Laysanalbatros bei seinem ersten Flug. Die Dunen auf seinem Kopf kennzeichnen den Jungvogel.

Rechts: Eine gravierende Veränderung im Leben eines jungen Steinkauzes. Nach 30 Tagen, die er in dem engen Nest verbracht hat, schwingt er sich in die Luft und betritt eine größere, dreidimensionale Welt.

che hält. Wenn der Jungvogel erst einmal im Wasser ist, begleitet er seine Eltern, und er wird vom Vater mehrere Wochen lang gefüttert, bis seine Schwungfedern soweit gewachsen sind, daß er ordentlich fliegen kann.
Junge Baßtölpel sind bereits selbständig, wenn sie das Nest verlassen. Aber sie sind dann so fett, daß sie nur bis auf das Wasser hinabgleiten können und dort erst einmal abspecken müssen, bevor sie wieder starten können. Albatrosse, Eissturmvögel und ihre Verwandten verlassen ebenfalls selbständig das Nest, aber sie können dann bereits sehr gut fliegen, weil sie schon vorher an Gewicht verloren haben und weil ihre Schwungfedern bereits ausgewachsen sind.
Während die grundlegende Technik des Schlagfluges keinerlei Übung bedarf, muß der junge Vogel doch einige Zeit damit verbringen, um das nötige Geschick durch Üben zu entwikkeln. Dies beinhaltet auch das Starten und Landen. Aus diesem Grund bleiben junge Greifvögel oftmals für viele Wochen, manchmal sogar bis zur nächsten Brutsaison, im Revier ihrer Eltern und bekommen weiterhin Futter von ihnen, als Ergänzung zu ihren eigenen Fängen.
Falkner wissen, daß Vögel, die einem Nest entnommen wurden, niemals so geschickte Jäger werden wie Vögel, die lange Zeit wild gelebt haben und dann gefangen wurden und die das Töten lernen mußten, um zu überleben.
In einer Untersuchung über Schwarzmilane in der Coto Doñana in Südspanien wurden Jungvögel beobachtet, die ihre Flugfähigkeiten während der ersten 2–5 Wochen, nachdem sie das Nest verlassen hatten, einübten. In dieser Zeit sind sie noch von ihren Eltern abhängig. Ihre ersten Flüge sind lediglich geradlinige Schlagflüge von einer Sitzwarte zur anderen. Überraschenderweise gleiten sie nicht, was wesentlich einfacher wäre. Dies liegt daran, daß ihre Schwungfedern in den ersten 2–3 Wochen, nachdem sie mit dem Fliegen beginnen, noch nicht voll ausgewachsen sind, und ihre Flügelflächenbelastung ist wahrscheinlich noch so hoch, daß ein Gleiten nicht möglich ist. Wenn sie jedoch erst einmal gleiten können, beginnen sie sofort mit dem Segeln. Weiterhin ist überraschend, daß die Milane während dieser Zeit, in der sie noch völlig von den Eltern abhängen, keinerlei Versuche starten, selber Beute zu schlagen. Sie werden dann ziemlich abrupt mit dem Problem konfrontiert, sich selber zu ernähren.
Niko Tinbergen fand bei jungen Baumfalken eine etwas andere Situation vor. Ihre ersten Flüge sind sehr unbeholfen, vor allem bei der Landung, aber sie sind sehr schnell dazu in der Lage, das Futter, das ihnen die Eltern bringen, im Flug zu übernehmen, obschon sie sich dabei oft unbeholfen anstellen und mehrere Versuche machen müssen. Innerhalb einer Woche jagen und fangen sie fliegende Käfer, und später fallen ihnen auch Libellen zum Opfer. Um das Fangen von Vögeln zu üben, machen die Baumfalken Scheinattacken auf ihre Geschwister, wobei sie hinunterfallen und einen Fuß ausstrekken, wenn sie vorbeifliegen – zur Bestürzung der in der Nähe fliegenden Rauchschwalben (siehe Seite 132) –, bis sie schließlich in der Lage sind, eine richtige Beute zu fangen.
Es ist interessant, daß junge Wanderfalken, Eckschwanzsperber und Habichte leichter sind als adulte und deshalb auch eine geringere Flügelflächenbelastung haben. Weiterhin haben sie längere Schwänze. Dies verleiht ihnen eine größere Manövrierfähigkeit bei der Jagd. Es reduziert auch die Menge an Futter, die sie zum Überleben benötigen. Aber der Mangel an Gewicht verringert auch ihre Schlagkraft. Wenn sie erst einmal ausgewachsen und sehr geschickte Jäger geworden sind, ist ein größeres Gewicht und damit auch eine höhere Geschwindigkeit, die sie dann erreichen können, von Vorteil beim Jagen schneller und kräftiger Beutetiere.
Aus dem Experiment mit den Tauben, die in Röhren aufwuchsen, oder auch aus Beobachtungen wild lebender Vögel, die eingezwängt in Höhlen oder Spalten aufwachsen, wird klar, daß Vögel aus einem Instinkt heraus fliegen können. Dies ist eines der Wunder der Natur; wir Menschen können nicht einmal gehen, ohne vorher stundenlang zu üben. Es ist jedoch für die Vögel notwendig, daß sie diese instinktive Fähigkeit entwickelt haben, weil sie sich den Luxus nicht erlauben können, viel Zeit damit zu verbringen, fliegen zu lernen; das Leben ist schwierig genug für ein junges Tier, ohne daß es viel Zeit damit verbringt, die Grundlagen der Bewegungen zu lernen. Auf der anderen Seite ist es nicht überraschend, daß junge Vögel, vor allem solche, die einen Präzisionsflug benötigen, um ihre Beute zu fangen, Zeit brauchen, um ihre Flugkünste zur Perfektion zu bringen. Wie bei vielen Aspekten des Vogelflugs, ist auch unser Verständnis für die Lernprozesse beim Flug noch lange nicht vollständig. Aber wir haben genug herausgefunden, um die Vorteile, die das Fliegen den Vögeln bringt, schätzen zu können, und um die seit ewigen Zeiten bestehende Bewunderung des Menschen für den Vogelflug fortzusetzen.

Verzeichnis der wissenschaftlichen Namen

Das Verzeichnis enthält die deutschen und die wissenschaftlichen Namen der im Text erwähnten Vogelarten. Die wissenschaftlichen Namen sind in derselben Anordnung, die in ‚A Checklist of the Birds of the World' von E. S. Gruson (Collins, 1976) verwendet wurde, zusammengestellt. Die Ordnungen und Familien wurden aus dem Buch ‚A Dictionary of Birds', herausgegeben von B. Campbell und E. Lack (T. & A. D. Poyser, 1985), übernommen.

Ordnung Struthioniformes

Struthionidae	Strauß	*Struthio camelus*
Dromaiidae	Emu	*Dromaius novaehollandiae*

Ordnung Procellariiformes

Diomedeidae	Graukopfalbatros	*Diomedea chrysostoma*
	Königsalbatros	*D. epomophora*
	Wanderalbatros	*D. exulans*
	Dunkelalbatros	*D. fusca*
	Laysanalbatros	*D. immutabilis*
	Mollymauk	*D. melanophris*
Procellariidae	Riesensturmvogel	*Macronectes giganteus*
	Kapsturmvogel	*Daption capensis*
	Eissturmvogel	*Fulmarus glacialis*
	Dunkelsturmtaucher	*Puffinus griseus*
Hydrobatidae	Buntfuß-Sturmschwalbe	*Oceanites oceanicus*

Ordnung Pelecaniformes

Phalacrocoracidae	Königsscharbe	*Phalacrocorax albiventer*
	Krähenscharbe	*P. aristotelis*
	Blauaugenscharbe	*P. atriceps*
	Ohrenscharbe	*P. auritus*
Sulidae	Baßtölpel	*Sula bassana*
	Kaptölpel	*S. capensis*
	Blaufußtölpel	*S. nebouxii*
Pelecanidae	Braunpelikan	*Pelecanus occidentalis*
	Rosapelikan	*P. onocrotalus*
Fregatidae	Prachtfregattvogel	*Fregata magnificens*
	Bindenfregattvogel	*F. minor*

Ordnung Ciconiiformes

Ardeidae	Graureiher	*Ardea cinerea*
Ciconiidae	Buntstorch	*Ibis leucocephalus*
	Weißstorch	*Ciconia ciconia*
	Marabu	*Leptoptilos crumeniferus*
Threskiornithidae	Rosenfußlöffler	*Platalea alba*

Ordnung Anseriformes

Anatidae	Pfeifschwan	*Cygnus columbianus*
	Zwergschwan	*C. bewickii*
	Singschwan	*C. cygnus*
	Trompeterschwan	*C. buccinator*
	Höckerschwan	*C. olor*
	Bläßgans	*Anser albifrons*
	Graugans	*A. anser*
	Schneegans	*A. caerulescens*
	Streifengans	*A. indicus*
	Ringelgans	*Branta bernicula*
	Kanadagans	*B. canadensis*
	Nonnengans	*B. leucopsis*
	Stockente	*Anas platyrhynchos*
	Eiderente	*Somateria mollissima*
	Kragenente	*Histrionicus histrionicus*
	Büffelkopfente	*Bucephala albeola*

Ordnung Cathartiformes

Cathartidae	Truthahngeier	*Cathartes aura*
	Rabengeier	*Coragyps atratus*
	Königsgeier	*Sarcorhamphus papa*
	Kalifornischer Kondor	*Vultur californianus*
	Kondor	*V. gryphus*

Ordnung Accipitriformes

Accipitridae	Schwalbenweih	*Elanoides forficatus*
	Australischer Gleitaar	*Elanus notatus*
	Schwarzmilan	*Milvus migrans*
	Weißkopfseeadler	*Haliaeetus leucocephalus*
	Schreiseeadler	*H. vocifer*
	Gänsegeier	*Gyps fulvus*
	Sperbergeier	*G. rueppellii*
	Weißrückengeier	*G. africanus*
	Ohrengeier	*Aegypius tracheliotus*
	Wollkopfgeier	*Trigonoceps occipitalis*
	Schlangenadler	*Circaetus gallicus*
	Gaukler	*Terathopius ecaudatus*
	Fleckenweihe	*Circus assimilis*
	Habicht	*Accipiter gentilis*
	Sperber	*A. nisus*
	Eckschwanzsperber	*A. striatus*
	Mäusebussard	*Buteo buteo*
	Rotschwanzbussard	*B. jamaicensis*
	Breitflügelbussard	*B. platypterus*
	Präriebussard	*B. swainsoni*
Pandionidae	Fischadler	*Pandion haliaetus*

Ordnung Falconiformes

Falconidae	Merlin	*Falco columbarius*
	Eleonorenfalke	*F. eleonorae*
	Wanderfalke	*F. peregrinus*
	Fledermausfalke	*F. rufigularis*
	Gerfalke	*F. rusticolus*
	Baumfalke	*F. subbuteo*
	Turmfalke	*F. tinnunculus*

Ordnung Galliformes

Phasianidae	Auerhuhn	*Tetrao urogallus*
	Moorschneehuhn	*Lagopus lagopus*
	Alpenschneehuhn	*L. mutus*
	Rebhuhn	*Perdix perdix*
	Wachtel	*Coturnix coturnix*
	Haushuhn	*Gallus gallus*
	Fasan	*Phasianus colchicus*
	Pfau	*Pavo cristatus*
	Truthuhn	*Meleagris gallopavo*
Opisthocomidae	Hoatzin	*Opisthocomus hoazin*

Ordnung Gruiformes

Rallidae	Wachtelkönig	*Crex crex*
	Teichhuhn	*Gallinula chloropus*
	Bläßhuhn	*Fulica atra*
Gruidae	Kranich	*Grus grus*
Otididae	Großtrappe	*Otis tarda*
	Riesentrappe	*Ardeotis kori*
	Flaggentrappe	*Sypheotides indica*

Ordnung Charadriiformes

Haematopodidae	Austernfischer	*Haematopus ostralegus*
Recurvirostridae	Säbelschnäbler	*Recurvirostra avosetta*
	Stelzenläufer	*Himantopus himantopus*
Charadriidae	Goldregenpfeifer	*Pluvialis apricaria*
Scolopacidae	Pfuhlschnepfe	*Limosa lapponica*
	Drosseluferläufer	*Tringa macularia*
	Rotschenkel	*Totanus totanus*
	Schlammtreter	*Catoptrophorus semipalmatus*
	Bekassine	*Gallinago gallinago*
	Waldschnepfe	*Scolopax rusticola*

	Alpenstrandläufer	*Calidris alpina*
	Knutt	*C. canutus*
Stercorariidae	Falkenraubmöwe	*Stercorarius longicaudus*
	Skua	*S. skua*
	Brauner Skua	*S. lonnbergi*
Laridae	Silbermöwe	*Larus argentatus*
	Aztekenmöwe	*L. atricilla*
	Lachmöwe	*L. ridibundus*
	Dreizehenmöwe	*L. tridactylus*
Sternidae	Falklandseeschwalbe	*Sterna hirundacea*
	Australseeschwalbe	*S. nereis*
	Küstenseeschwalbe	*S. paradisaea*
Rynchopidae	Schwarzmantel-scherenschnabel	*Rynchops nigra*
Alcidae	Riesenalk	*Alca impennis*
	Krabbentaucher	*Alle alle*
	Tordalk	*Alca torda*
	Trottellumme	*Uria aalge*
	Papageitaucher	*Fratercula arctica*
Ordnung Apodiformes		
Apodidae	Halsbandsegler	*Cypseloides zonaris*
	Schornsteinsegler	*Chaetura pelagica*
	Mauersegler	*Apus apus*
Trochilidae	Rubinkehlkolibri	*Archilocus colubris*
	Streifenschwanz-eupherusa	*Eupherusa eximia*
	Langschwanzeremit	*Phaethornis superciliosus*
	Riesenkolibri	*Patagona gigas*
	Amethystkolibri	*Calliphlox amethystina*
	Zimtkolibri	*Selasphorus rufus*
	Dreifarbenkolibri	*S. platycercus*
	Flämmchenkolibri	*S. scintilla*
	Adlerschnabel	*Eutoxeres aquila*
Ordnung Columbiformes		
Columbidae	Schneetaube	*Columba leuconota*
	Haustaube	*C. livia*
	Ringeltaube	*C. palumbus*
	Türkentaube	*Streptopelia decaocto*
Raphidae	Dronte	*Raphus cucullatus*
Ordnung Psittaciformes		
Psittacidae	Nymphensittich	*Nymphus hollandicus*
	Crimson Rosella	*Platycercus elegans*
	Wellensittich	*Melopsittacus undulatus*
Ordnung Cuculiformes		
Cuculidae	Tiputip	*Centropus superciliosus*
Ordnung Strigiformes		
Tytonidae	Schleiereule	*Tyto alba*
Strigidae	Zwergohreule	*Otus scops*
	Waldohreule	*Asio otus*
	Sumpfohreule	*Asio flammeus*
	Schnee-Eule	*Nyctea scandiaca*
	Steinkauz	*Athene noctua*
	Waldkauz	*Strix aluco*
Ordnung Trogoniformes		
Trogonidae	Quetzal	*Pharomachrus mocino*
Ordnung Coraciiformes		
Alcedinidae	Eisvogel	*Alcedo atthis*
	Graufischer	*Ceryle rudis*
Meropidae	Bienenfresser	*Merops apiaster*
Bucerotidae	Doppelhornvogel	*Buceros bicornis*
	Kaffernhornrabe	*Bucorvus leadbeateri*
Ordnung Piciformes		
Picidae	Grünspecht	*Picus viridis*
Ordnung Passeriformes		
Alaudidae	Feldlerche	*Alauda arvensis*
Hirundinidae	Rötelschwalbe	*Hirundo flavicola*
	Rauchschwalbe	*H. rustica*
	Uferschwalbe	*Riparia riparia*
	Mehlschwalbe	*Delichon urbica*
Cinclidae	Wasseramsel	*Cinclus cinclus*
Troglodytidae	Zaunkönig	*Troglodytes troglodytes*
Mimidae	Katzendrossel	*Dumetella carolinensis*
	Spottdrossel	*Mimus polyglottos*
Turdidae	Zeledonie	*Zeledonia coronata*
	Rotkehlchen	*Erithacus rubecula*
	Gartenrotschwanz	*Phoenicurus phoenicurus*
	Amsel	*Turdus merula*
	Misteldrossel	*T. viscivorus*
Sylviidae	Seidensänger	*Cettia cetti*
	Schilfrohrsänger	*Acrocephalus schoenobaenus*
	Teichrohrsänger	*A. scirpaceus*
	Mönchsgrasmücke	*Sylvia atricapilla*
	Provencegrasmücke	*S. undata*
	Fitis	*Phylloscopus trochilus*
	Wintergoldhähnchen	*Regulus regulus*
Muscicapidae	Trauerschnäpper	*Ficedula hypoleuca*
	Grauschnäpper	*Muscicapa striata*
	Gartenfächerschwanz	*Rhipidura leucophrys*
Aegithalidae	Schwanzmeise	*Aegithalos caudatus*
Paridae	Tannenmeise	*Parus ater*
	Blaumeise	*P. caeruleus*
	Kohlmeise	*P. major*
Sittidae	Kleiber	*Sitta europaea*
Oriolidae	Pirol	*Oriolus oriolus*
	Schwarzkopfpirol	*O. xanthornus*
Laniidae	Neuntöter	*Lanius collurio*
Corvidae	Blauhäher	*Cyanocitta cristata*
	Eichelhäher	*Garrulus glandarius*
	Elster	*Pica pica*
	Alpenkrähe	*Pyrrhocorax pyrrhocorax*
	Rabenkrähe	*Corvus corone*
	Sundkrähe	*C. caurinus*
	Kolkrabe	*C. corax*
	Saatkrähe	*C. frugilegus*
	Dohle	*C. monedula*
Sturnidae	Malaienstar	*Alponis panayensis*
	Weberstar	*A. metallicus*
	Star	*Sturnus vulgaris*
Passeridae	Haussperling	*Passer domesticus*
Ploceidae	Blutschnabelweber	*Quelea quelea*
Viduidae	Leierschwanzwida	*Euplectes jacksoni*
	Hahnschweifwida	*E. progne*
Fringillidae	Buchfink	*Fringilla coelebs*
Parulidae	Fichtenwaldsänger	*Dendroica fusca*
	Goldscheitelwald-sänger	*Basileuterus coronatus*
Emberizidae	Schneeammer	*Plectrophenax nivalis*
Icteridae	Rotschulterstärling	*Agelaius phoeniceus*

Literaturhinweise

Als nicht technische Einführung in den Vogelflug und andere verwandte Themen empfehle ich die folgenden Bücher:

Elkins, Norman. Weather and Bird Behaviour, T. & A. D. Poyser, 1983
Gray, James. Animal Locomotion, Weidenfeld & Nicolson, 1968
Kerlinger, Paul. Flight Strategies of Migrating Hawks, University of Chicago Press, 1989
Mead, Chris. Bird Migration, Country Life, 1983
Ratcliffe, Derek. The Peregrine Falcon, T. & A. D. Poyser, 1980
Schmidt-Nielsen, Knut. How Animals Work, Cambridge University Press, 1972
Village, A. The Kestrel, T. & A. D. Poyser, 1990

Dem technisch interessierten Leser empfehle ich die folgenden Bücher, die tiefer in die Aerodynamik des Fluges einsteigen:

Childress, S. Mechanics of Swimming and Flying, Cambridge University Press, 1981
Nachtigall, Werner. Warum die Vögel fliegen. Rasch und Röhring, Hamburg, Zürich, 1985
Nachtigall, Werner. Vogelflug und Vogelzug. Rasch und Röhring, Hamburg, Zürich, 1987
Pennycuick, Colin J. Animal Flight, Edward Arnold, 1972
Pennycuick, C. J. Bird Flight Performance, Oxford University Press, 1989
Rüppell, Georg. Vogelflug. Rowohlt Taschenbuch Verlag GmbH, Reinbek, 1980
Ward-Smith, A. J. Biophysical Aerodynamics and the Natural Environment, John Wiley & Sons, 1984

Die folgende Liste der Veröffentlichungen aus wissenschaftlichen Zeitschriften ist nicht umfassend, aber sie gibt eine Einführung in die Literatur über den Vogelflug:

Berger, M. 1974. Energiewechsel von Kolibris beim Schwirrflug unter Höhenbedingungen. Journal für Ornithologie, Lpz. **115:** 273–288.
East, M. 1980. Time budgeting by European robins: inter and intrasexual comparisons during autumn, winter and early spring. Ornis Scandinavica **13:** 85–93
Ewald, P.W. and Carpenter, F.L. 1978. Territorial response to energy manipulations in the Anna hummingbird. Oecologia **31:** 277–292
Hails, C. J. 1979. A comparison of flight energetics in hirundines and other birds. Comparative Biochemistry and Physiology **63A:** 581–585
Hecht, M. K. (Ed.) 1985. The beginning of birds. Proceedings of the International Archaeopteryx Conference, Eichstätt, 1984
v. Holst, E. & Küchemann, D. 1941. Biologische und aerodynamische Probleme des Tierfluges. Naturwissenschaften **29:** 348–362.
Hummel, D. 1973. Die Leistungsersparnis beim Verbandsflug. (Ein aerodynamischer Beitrag zur Diskussion über den Winkelflug einiger Zugvögel.) Journal für Ornithologie, Lpz. **114:** 259–282.
Hummel, D. 1980. The aerodynamic characteristics of slotted wingtips in soaring birds. Proceedings of the 17th International Ornithological Congress, Verlag der Deutschen Ornithologen-Gesellschaft 391–396.
Kodric-Brown, A. and Brown, J. H. 1978. Influence of economics, interspecific competition and sexual dimorphism on territoriality of migrant rufous hummingbirds. Ecology **59:** 285–296
Lissaman, P. B. S. and Shellenberger, C. A. 1970. Formation flight of birds. Science **168:** 1003–1005
Lorenz, K. 1933. Fliegen mit dem Wind und gegen den Wind. Journal für Ornithologie, Lpz. **81:** 596–607
Martin, L. D. 1983. The origin of birds and of avian flight. In Current Ornithology, Johnston, R. F. (Ed.) **1:** 105–126 Plenum Press
McGowan, C. 1989. Feather structure in flightless birds and its bearing on the question of the origin of feathers. Journal of Zoology **218:** 537–548
Nachtigall, W. & Bilo, D. 1980. Strömungsanpassung des Pinguins beim Schwimmen unter Wasser. J. comp. Physiol. **137A:** 17–26.
Nachtigall, W. 1984. Vogelflugforschung in Deutschland. Journal für Ornithologie, Lpz. **125:** 157–187.
Norberg, U. M. 1981. Flight, morphology and the ecological niche in some birds and bats. Symposia of the Zoological Society of London **48:** 173–197
Norberg, U. M. 1981. Optimal flight speeds in birds when feeding young. Journal of Animal Ecology **50:** 473–477
Oehme, H. 1959. Untersuchungen über Flug und Flügelbau von Kleinvögeln. Journal für Ornithologie, Lpz. **100:** 363–396.
Oehme, H. & Kitzler, U. 1975. Untersuchungen zur Flugbiophysik und Flugphysiologie der Vögel. III. Die Bestimmung der Muskelleistung beim Kraftflug der Vögel aus kinematischen und morphologischen Daten. Zool. Jb. Abt. Physiol. **79:** 425–458
Pedley, T.J. (Ed.) 1977. Scale effects in animal locomotion. Academic Press. (Papers by several authorities.)
Pennycuick, C. J. 1968. Power requirements for horizontal flight in the pigeon. Journal of Animal Ecology **49:** 527–555
Pennycuick, C. J. 1969. The mechanics of bird migration. Ibis **111:** 525–556
Pennycuick, C. J. 1972. Soaring behaviour and performances of some East African birds from a motor glide. Ibis **114:** 178–218
Pennycuick, C. J. 1979. Energy costs of locomotion and the concept of foraging radius. In Serengeti: dynamics of an ecosystem, Sinclair, A. R. E. and Norton-Griffiths, M. (Eds.), University of Chicago Press 164–184
Pennycuick, C. J. 1975. Mechanics of flight. In Avian Biology **5:** 1–73, Farner, D. S. and King, J. R. (Eds.) Academic Press
Pennycuick, C. J. 1982. The flight of petrels and albatrosses. Philosophical Transaction of the Royal Society of London **300:** 75–106
Pennycuick,C. J. 1987. Flight of seabirds. In Seabirds: feeding ecology and role in marine ecosystems, Croxall, J. (Ed.), Cambridge University Press 43–62
Pennycuick, C. J., Alerstam, T., and Larsen, B. 1979. Soaring migration of the common crane observed by radar and from an aircraft. Ornis Scandinavica **10:** 241–251
Rayner, J. M. V. 1982. Avian flight energetics. Annual Review of Physiology **44:** 109–119
Rüppell, G. 1971. Flugmanöver des Gartenrotschwanzes (Phoenicurus phoenicurus L.). Z. vergl. Physiol. **71:** 190–200.
Rüppell, G. 1981: Analyse des Beutefangs des Fischadlers (Pandion haliaetus). Journal für Ornithologie, Lpz. **122:** 285–305.
Simpson, S. F. 1981. The flight mechanism of the pigeon Columbia livia during take-off. Journal of Zoology **200:** 435–443
Torre-Burno, J. R. and LaRochelle, J. 1978. Respiratory exchange and evaporative water loss in the flying budgerigar. Journal of Experimental Biology **48:** 67–87
Westerterp, K. R. and Bryant, D. M. 1984. Energetics of free existence in swallows and martins during breeding. Oecologia **62:** 376–381
Westerterp, K. R. and Drent, R. H. 1985. Energetic costs and energy saving mechanisms in parental care. In Proceedings of the 18th International Ornithological Congress **1:** 392–398, University of Ottawa Press
Withers, P. C. and Timko, P. L. 1977. The significance of ground effect to the aerodynamics of flight and energetics of the black skimmer (Rhyncops nigra). Journal of Experimental Biology **70:** 13–26
Withers, P. C. 1979. Aerodynamics and hydrodynamics of the ‚hovering' flight of Wilson's Storm Petrel. Journal of Experimental Biology **80:** 83–91
Withers, P. C. 1981. Wing tips, slots and aerodynamics. Ibis **123:** 239–247
Wolf, L. L. and Hainsworth, F. R. Time and energy budgets of territorial hummingbirds. Ecology **52:** 980–988

Register